气象信息员工作手册

本书编委会 编

内容简介

本书是在全国气象信息员队伍建设和管理工作的基础上着手编写的。书中系统地介绍了气象信息员主要工作、气象灾害及其防御措施、次生气象灾害及其防御措施、农业气象灾害及其防御措施、特殊天气现象的观测记录、气象灾情调查方法、气象设施的巡查与报告等七部分内容,可作为气象信息员掌握气象防灾减灾知识和业务知识的工具书。

图书在版编目(CIP)数据

气象信息员工作手册/本书编委会编.
—北京:气象出版社,2009.3(2018.9 重印)
ISBN 978-7-5029-4708-8

Ⅰ.气… Ⅱ.本… Ⅲ.气象—工作—手册 Ⅳ.P4-62

中国版本图书馆 CIP 数据核字(2009)第 027421 号

出版发行:气象出版社
地　　址:北京市海淀区中关村南大街 46 号　　**邮政编码**:100081
电　　话:010-68407112(总编室)　010-68408042(发行部)
网　　址:http://www.qxcbs.com　　**E-mail**:　qxcbs@cma.gov.cn
责任编辑:张锐锐　李太宇　林雨晨　　**终　　审**:周诗健
封面设计:燕　彤　　**责任技编**:吴庭芳
印　　刷:三河市百盛印装有限公司
开　　本:880mm×1230mm　1/32　　**印　　张**:6
字　　数:179 千字
版　　次:2009 年 5 月第 1 版
印　　次:2018 年 9 月第 11 次印刷
定　　价:19.00 元

本书如存在文字不清、漏印以及缺页、倒页、脱页等,请与本社发行部联系调换

发展气象信息员队伍
为人民福祉安康服务

郑國光
二〇〇九年四月

郑国光，中国气象局局长

编委会

主　　编：孙　健

执行主编：刘燕辉

副 主 编：毛恒青　陈云峰

编　　委：（以拼音为序）

成秀虎　金志凤　康雯瑛

李太宇　邵俊年　杨咏钢

张　梅　张锐锐　朱菊忠

主　　笔：朱菊忠　杨咏钢　金志凤

张　梅

序

天气连着千家万户，气候影响各行各业，气象灾害威胁着国民经济的正常持续发展，也影响到社会的安全稳定和人民群众的正常生活秩序。加强气象灾害的防御工作，特别是增强全社会防灾减灾能力，提高广大人民群众的气象防灾减灾意识，对促进经济社会和谐发展具有重要作用。

基层一直是气象灾害防御工作最薄弱的地区，也是气象防灾减灾工作的重点和难点。我国地域辽阔，气象灾害种类繁多、分布广泛，农村、社区、厂矿、学校等基层单位一直是气象灾害宣传工作最薄弱的环节。通信传播手段的相对滞后，以及人们对气象灾害知识的匮乏，使得近年来我国发生的许多气象灾害，加大了有些地区的人员和财产损失。2005 年 6 月，发生在黑龙江省宁安市沙兰镇的局地山洪，以及 2008 年 9 月下旬发生在四川地震灾区的暴雨所造成的严重人员伤亡给我们留下了深刻的启示。加强基层的气象灾害防御，提高群众的防灾减灾能力刻不容缓。

气象信息员队伍的建设，已成为基层防灾减灾的重要力量。2007 年国务院办公厅 49 号文件明确提出了气象灾害防御社会化问题，指出“要积极创造条件，逐步设立乡村气象灾害义务信息宣传员，及时传递预警信息，帮助群众做好防灾避灾工作”。建立涵盖乡镇（街道）、村（社区）、学校、企事业单位等不同层次、不同领域的气象信息员队伍，是履行公共气象服务职能的着力点，是推进公共气象零距离服务的有效措施，也是促进气象与社会的互动、增强气象服务针对性的重要手段。

通过遍布基层的气象信息员队伍，不仅可以全方位地拓展气象信息覆盖面，协助各级政府、社会、单位、个人有效开展防灾抗灾工作，加大气象科普知识的宣传，还可以及时掌握各种灾害性天气和局地突发性天气的实时信息与气象灾情，同时全面反馈社会对气象服务需求，提高气象服务的有效性和针对性。经过两年多的努力，全国气象信息员队伍已经迅速发展壮大起来，成为基层防灾减灾体系的重要组成部分。

加强气象信息员的管理与培训，是发挥气象信息员队伍作用的重要保证。气象信息员来自于农村、厂矿、社区、学校，绝大多数都是兼职人员，对气象灾害客观上缺乏认识，对如何传播气象信息以及如何利用气象知识趋利避害也不十分了解。《气象信息员培训教材丛书》就是要提高气象信息员的业务技能、工作能力和服务水平，为气象信息员开展日常工作提供必要的帮助和指导。各级气象部门要结合本地的特点，组织、管理和培训好气象信息员队伍，努力造就一支高素质、高效率、高水平的基层气象灾害应急管理队伍。

在中国气象局应急减灾与公共服务司的精心组织下，经过中国气象局公共服务中心、气象出版社以及有关省(区、市)气象局专家认真细致的工作，《气象信息员教训教材丛书》正式出版。我相信，经过各省(区、市)气象局长期坚持不懈的努力，我国气象信息员必定在气象防灾减灾中发挥更加重要的作用。

矫梅燕*

2009 年 4 月

* 矫梅燕，中国气象局副局长

目　录

气象信息员的产生背景和工作内容

1.1　气象信息员产生背景

党中央、国务院历来高度重视气象灾害防御工作。胡锦涛总书记在2007年春节看望气象工作者时强调指出“气象工作非常重要，对于提高防灾抗灾能力、维护人民生命财产安全具有十分重要的意义”。总书记还在2008年两院院士大会上指出：“自然灾害是人类社会面临的共同挑战，必须把自然灾害预测预报、防灾减灾工作作为关系经济社会发展全局的一项重大工作进一步抓紧抓好”。温家宝总理在2008年政府工作报告中明确提出要“加强对现代条件下自然灾害特点和规律的研究，加强气象等基础研究和能力建设，提高防灾减灾能力；实施应对气候变化国家方案，加强应对气候变化能力建设”。回良玉副总理也曾指出，“气象工作从来没有像今天这样受到各级党政领导的高度重视，从来没有像今天这样受到社会各界的高度关切，从来没有像今天这样受到广大人民群众的高度关心，从来没有像今天这样受到国际社会的高度关注”。中央领导同志对气象工作的一系列重要讲话，体现了气象工作的极端重要性，也体现了党中央国务院对做好气象灾害防御工作的殷切期望。

在全球气候变化的背景下，各种极端天气气候事件频发，气象灾害造成的经济损失和社会影响进一步加大。气象灾害既威胁着国民经济的正常持续发展，也影响到社会的安全稳定和人民群众的正常生活秩序。加强气象灾害的防御工作，特别是增强全社会防灾减灾能力，提高广大人民群众的气象防灾减灾意识，对促进经济社会的和谐发展具有重要作用。

基层一直是气象灾害防御工作最薄弱的地区，也是气象防灾减灾工作的重点和难点。近年来，随着国家减灾规划的实施，基层气象灾害防御应急处置能力得到不断提高，气象灾害预警信息发布机制不断完善，信息覆盖面不断扩大，基层气象监测网络逐步完善。虽然基层气象灾害防御能力整体上有了较大提高，但也存在以下几方面问题：一是社会公众防御气象灾害的意识和主动性有待提高；二是气象灾害监测预警能力尚不能满足社会需求；三是气象灾害防御应急管理机制有待进一步健全；四是社会公众对气象灾害预警信息的接收应用能力有待提高。从以上基层气象灾害防御现状思考，建设气象信息员队伍，加强基层气象灾害防御管理工作，建立并完善基层气象防灾减灾应急组织体系和联动机制，既是解决气象灾害防御的社会化问题的重要环节，也是提高社会应用气象服务能力、应急响应能力的有效手段。

2007年国务院办公厅49号文件明确提出了气象灾害防御社会化问题，指出"要积极创造条件，逐步设立乡村气象灾害义务信息宣传员，及时传递预警信息，帮助群众做好防灾避灾工作。要研究制订动员和鼓励志愿者参与气象灾害应急救援的办法，进一步加强志愿者队伍建设。"2007年国务院办公厅52号文件《关于加强基层应急管理工作的意见》指出要加强基层综合应急队伍建设："街道办事处、乡镇人民政府要组织基层警务人员、医务人员、民兵、预备役人员、物业保安、企事业单位应急队伍和志愿者等，建立基层应急队伍；居(村)委会和各类企事业单位可根据有关要求和实际情况，做好应急队伍组建工作。"

2007年以来，全国各级气象部门深入贯彻落实《国务院办公厅关于进一步加强气象灾害防御工作的意见》(国办〔2007〕49号)、《关于加强基层应急管理工作的意见》(国办发〔2007〕52号)精神，在各级人民政府的统一领导下，迅速推进以气象信息员队伍建设为主体的基层气象灾害防御组织体系建设。目前我国已有几十万人员组成的乡村气象信息员队伍，初步形成了"政府主导，部门联动，社会参与"的信息员队伍管理体制。

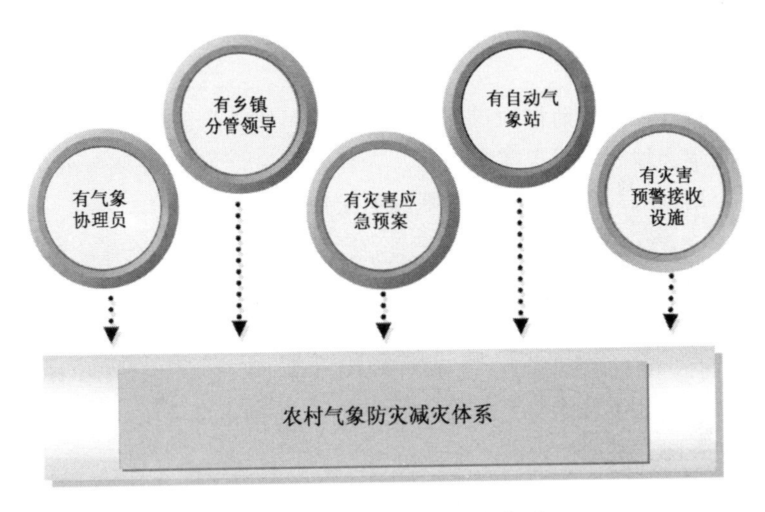

图 1-1 农村气象防灾减灾体系

1.2 气象信息员的义务及基本要求

1.2.1 工作义务

负责气象灾害预警信息的接收和传播，能结合当地实际提出灾害防御建议，协助当地政府和有关部门做好防灾减灾工作，并指导社会公众科学避灾。

参加气象防灾减灾技能培训，能够熟练掌握本区域可能发生的各类气象灾害，防御重点及相关防灾避险知识。

负责本区域内特殊天气现象的观测与记录，并及时报告当地气象主管机构。

负责本区域内气象灾害及次生灾害信息的收集和报告，协助当地气象主管机构做好灾情调查、评估和鉴定工作。

协助当地气象主管机构，做好本区域内气象设施的日常维护及管理，开展定期巡查，清洁除尘等日常维护及安全管理工作，发现设备被盗、损坏等异常情况立即报告当地气象主管机构。

协助当地气象主管机构，依法开展本区域内防雷减灾安全管理工作。

负责气象灾害防御知识和气象科普常识的普及、宣传。

收集当地气象服务需求信息及合理化建议，反馈气象服务效果。

协助当地气象主管机构做好其他工作。

1.2.2　基本要求

具有较好的政治思想素质，热心气象防灾减灾公益事业。

具有一定的管理能力，较强的责任心，能尽职尽责完成工作任务。

熟悉本区域可能发生的各类气象灾害、防御重点区域，经培训熟练掌握相关防灾避险知识。

具有良好身体素质，一般要求年龄在50岁以下，高中以上文化程度。

1.3　气象信息员工作流程

1.3.1　预警信息传播

在收到气象部门发布的气象灾害预警信息后，应通过有效的手段如广播、电话等及时进行广泛传播，在常规通讯手段失效时也可采用敲锣打鼓等方式及时将预警信息告知周围企业、群众，应尽可能利用农村学校、车站、码头、农贸市场、医院、公共场所等集散地，传递预警信息，使之进村入户，家喻户晓。

1.3.2　气象灾害的防御

在气象灾害来临时，协助当地政府部门开展灾前防御准备，宣传气象灾害防御措施，指导帮助群众开展防灾抗灾。受气象灾害影响时要及时调查周围企业、群众受灾情况，并将灾情调查信息经过整理核实后报送气象部门。灾害结束后及时了解周围群众采取的主要防御措施和取得的效果，为今后防灾积累经验。开展重点单位走访，收集并向气象部门反馈服务效益情况、服务需求，对影响大，服务效益显著的事例，应及时进行宣传，提高周围群众防灾减灾信心。

1.3.3 特殊天气现象观测

日常关注天气变化，对发生的特殊天气现象如强降水、雪（积雪）、龙卷、冰雹、雨凇、雾凇等特殊天气现象及时地实事求是地进行观测与记录，并在第一时间将天气现象发生时间、地点、测量（或目测）数据告知当地气象主管机构。

1.3.4 气象设施巡查

定期巡查所负责的气象设施，对气象设施外观、设施情况、周边环境进行巡查，做好巡查记录，一旦发现异常情况，应初步确认问题所在，拍照现场灾情，以备资料存档。简单的情况现场进行处理，无法解决应尽快通知当地气象主管机构。

2 气象灾害及其防御措施

凡危害人类生命财产和生存条件的各类事件通称灾害。按表现形式,灾害可分为自然灾害和人为灾害两大类。在自然灾害范畴中,气象灾害占有相当大的比例,据联合国统计,全世界主要的10种自然灾害中,气象灾害就占了7种,其造成的损失也最巨大。据"政府间气候变化专家委员会(IPCC)"在缔约国大会上所提出的最新报告指出,在20世纪60年代,气象灾害所带来的保险赔偿约达70亿美元,整体的经济损失大约为400亿美元。20世纪80年代及90年代,因气象灾害所带来的保险赔偿增至800亿美元,直接整体经济损失高达2900亿美元,每年约为290亿美元,这表明,在过去的40年中,气象灾害造成的损失迅速增加。进入本世纪以来,随着气象监测预警能力的提高和社会公众防灾减灾意识的增强,气象灾害所造成的损失在国民经济生产总值的比例呈下降趋势。因此,了解和掌握气象灾害及其发生规律,对做好防灾减灾工作具有十分重要的意义。

2.1 气象灾害的定义

气象灾害是指大气运动及演变对人类生命财产和国民经济以及国防建设造成的直接或间接的损害,如台风、暴雨、冰雹、大风、雷电、高温、干旱、沙尘暴等。气象灾害可分为天气灾害和气候灾害,二者既有区别又有联系。

天气灾害是指一次天气过程,如某一次暴雨、某一次冰雹、某一次寒潮等造成的气象灾害。气候灾害是指某一长时期内(月、季、年、数年到数百年或以上)气象要素(温度、降水、风等)和天气过程的平均或统计状况出现异常而造成的灾害，如该下雨的季节却久不下雨，该是旱季却阴雨连绵，天气该冷时不冷，该热时不热。这些反常现象的出现，导致人类及动植物的不适应，影响人类社会活动及生产活动，危及动植物正常生长发育，以致造成经济损失和其他损失。

2.2 气象灾害的类型

热带气旋(台风)灾害：主要由热带气旋(台风)产生的狂风、暴雨、暴潮引发巨浪、山洪，掀翻船只、冲毁海堤、导致海水倒灌等。

洪涝灾害：主要因暴雨或连续降雨等原因而产生，分为暴雨洪水和雨涝两种。洪涝常造成山洪暴发、江河泛滥，冲毁堤坝、房屋、道路、桥梁，淹没农田、造成城市渍涝等，严重危害国计民生。

冷冻类灾害：主要由于北方冷空气南下，气温骤降，危害农作物生长发育和影响人们正常生活、工作，甚至造成动植物伤亡和作业事故等灾害现象。冷冻灾害包括寒潮、冷害、冻害、冻雨、冰害、雪害等种类。

干旱灾害：因久晴无雨或少雨、土壤缺水、空气干燥而造成农作物枯死、人畜饮水不足、生态环境恶化等的灾害现象。从天气状况考虑，干旱还包括干热风、高温和热浪等种类。

风雹类灾害：主要由强对流天气引起，灾害发生时常伴有雷雨、大风、冰雹、龙卷风、雷电等现象，造成房屋倒塌、农作物倒伏受损、人畜死伤等。

连阴雨灾害：主要是由于连续出现阴雨天气，土壤、空气长期潮湿、日照不足，不利于农作物生长发育，造成粮食减产、已收粮食霉变等。

浓雾灾害：指近地层悬浮的大量含有有害物质的小水滴或小冰晶遮挡人的视线，影响交通并引发交通事故，空气中污染物不易扩散，引起人体疾病和“污闪”停电事故等。

沙尘类灾害：主要包括霾、浮尘、扬沙、沙尘暴。沙尘暴灾害出现时，水平有效能见度小于10.0千米，对民航、铁路、公路交通影响较大，常会引发交通事故。沙尘类天气使空气质量明显下降，常会引发鼻炎、支气管炎等疾病。在各种沙尘类灾害中，以特强沙尘暴危害最重，发生沙尘暴时狂风大作，昏天黑地，能见度降到50米以下。

2.3 灾害性天气警报的发布

2.3.1 灾害性天气警报的发布规定

《中华人民共和国气象法》第22条规定国家对公众气象预报和灾害性天气警报实行统一发布制度。各级气象主管机构所属的气象台站应当按照职责向社会发布公众气象预报和灾害性天气警报，并根据天气变化情况及时补充或者订正。其他任何组织或者个人不得向社会发布公众气象预报和灾害性天气警报。

国务院其他有关部门和省、自治区、直辖市人民政府其他有关部门所属的气象台站，可以发布供本系统使用的专项气象预报。

2.3.2 灾害性天气警报的发布传播渠道

随着现代通信的快速发展，气象灾害预警信息发布传播体系得到不断完善。灾害性天气警报的发布传播渠道从原有的广播、电视、报纸、警报器、传真机向声讯电话(96121、12121)、互联网、手机短信、电子显示屏等拓宽(图2.1)。

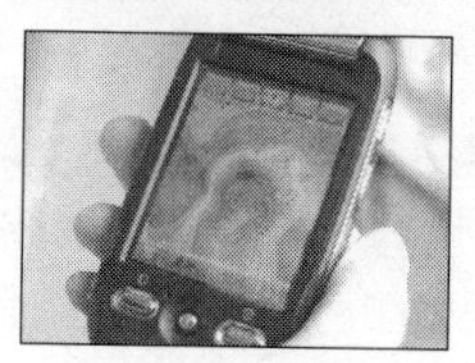

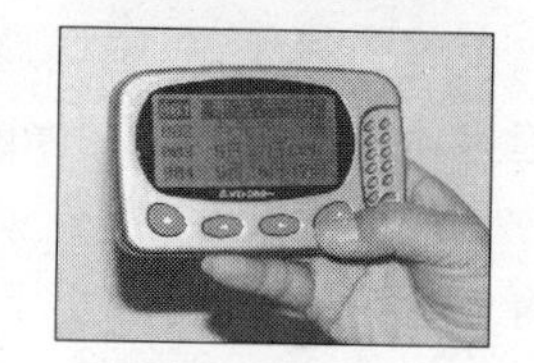

图2.1 气象防灾减灾预警信息发布与传播渠道

广播、电视、报纸、电信等媒体向社会传播气象预报和灾害性天气警报，必须使用气象主管机构所属的气象台站提供的适时气象信息，并标明发布时间和气象台站的名称。气象信息员传播的气象灾害预警信息也应当是当地气象台站发布的适时预警信息。

2.3.3 气象灾害预警信号种类简要介绍

《气象灾害预警信号发布与传播办法》(中国气象局16号令)于2007年6月12日颁布实施。《办法》将预警信号分为台风、暴雨、暴雪、寒潮、大风、沙尘暴、高温、干旱、雷电、冰雹、霜冻、浓雾、霾、道路结冰等14类。预警信号的级别依据气象灾害可能造成的危害程度、紧急程度和发展态势一般划分为四级：Ⅳ级(一般)、Ⅲ级(较重)、Ⅱ级(严重)、Ⅰ级(特别严重)，依次用蓝色、黄色、橙色和红色表示，同时以中英文标识。

2.4 气象灾害的防御

2.4.1 台风

2.4.1.1 含义

台风是生成在热带海洋上的一种具有暖中心结构的强烈气旋性涡旋，总是伴有狂风暴雨，常给受影响地区造成严重的灾害。我国和东亚地区将这种强热带气旋称为台风，大西洋地区称其为飓风，印度洋地区称其为热带风暴。2006年6月国家制定了新的热带气旋等级标准，将台风分为热带低压、热带风暴、强热带风暴、台风、强台风、超强台风等6级。台风用编号来记录，编号用4个数码，前两位表示年份，后两位表示出现的先后次序，如8923、9015、0601、0708等。2000年以后台风又有了名字，如2006年8号台风叫“桑美”，2007年13号台风叫“韦帕”、16号台风叫“罗莎”等。给台风命名是为了使人们对逐渐接近的台风提高警惕，增加警告的效用，我国(亚太地区)台风命名始于2000年，共有140个名字，分别由亚太地区的14个国家和地区提供。

图 2.2　2007 年 7 月 28 日，受台风“凤凰”外围影响，浙江省台州市石塘镇鹿头咀狂风掀起巨浪拍打着堤坝(新华社发)

表 2-1　热带气旋等级划分表

热带气旋等级	近中心最大平均风速(米/秒)	近中心最大风力(级)
热带低压(TD)	10.8～17.1	6～7
热带风暴(TS)	17.2～24.4	8～9
强热带风暴(STS)	24.5～32.6	10～11
台风(TY)	32.7～41.4	12～13
强台风(STY)	41.5～50.9	14～15
超强台风(SuperTY)	≥51.0	16 或 16 以上

2.4.1.2　危害

台风通常给影响地区带来充沛的雨水，但由于它带来的狂风暴雨破坏力大，极易造成巨大灾害，是世界上最严重的自然灾害之一。我国每年都遭受台风袭击，特别是受台风危害的沿海地区，由于人员、财产密集、工农业生产发达，常造成十分严重的破坏损失与社会经济影响。台风的破坏力主要由强风、暴雨和风暴潮三个因素引起。台风大风具有高强度、长时间、大范围而具摧毁力；台风暴雨来势凶猛，强度大，波及范围广，极易引发洪涝；在沿海，台风风暴潮能使水位上升5～6米，当台风风暴潮与天文大潮高潮位相遇时，产生高频率的潮位，导致潮水漫溢、海堤溃决、冲毁房屋和各类建筑设施、淹没城镇和农田，造成大量人员伤亡和财产损失，风暴潮还会造成海岸侵蚀，海水倒灌造成土地盐渍化等灾害。

2.4.1.3　灾害特点

严重性：据统计，全球热带海洋上热带气旋四分之三发生在北半球的海洋上，而靠近我国的西北太平洋则占全球热带气旋总数的38%，居全球8个热带气旋发生区之首，对我国影响最为严重，受到影响的每年约有20个，登陆我国的平均每年约有9个，约为美国的4倍、日本的2倍。台风对我国人民生命安全构成极大威胁，例如，5612号台风使4925人丧失生命。随着社会发展，防台能力的加强，热带气旋造成的人员伤亡情况已明显下降，但由于自然灾害的不可抗拒性，台风尤其是超强台风仍会给人们带来不能磨灭的伤害，如2006年“桑美”台风的防御堪称典范，但仍然夺去了193条生命，“云娜”(0414号)也造成164人死亡。台风还会造成巨大的经济损失，如9711号台风直接经济损失196亿，占当年浙江省GDP的4.0%。

季节性：台风在海上的生成和活动具有明显的季节性。台风的生成一般要满足高海温、低气压、较大的地转偏向力和较小的风速垂直切变等条件。夏季，西北太平洋海温比较高，会蒸发出大量水汽，使低层空气变成高温高湿，此时，如果其他三个条件同时出现，则就容易生成台风。所以，夏季是台风的多发季节，由于西北太平洋生成的台风在夏季最多，因此，登陆我国的台风也在夏季最多，尤其是7—9月份，登陆数量占全年登陆总数的76%。所以人们把7—9月称为“台风季节”。

地域性：台风侵袭我国具有明显的地域性。我国东南部南北海岸线长达数千千米，每年都遭台风侵袭，但南北省份受台风影响的差异很大，尽管都是沿海地区，南部地区的热带气旋灾害要比北部地区严重得多，最严重的地区是广东，其次是海南，第三是台湾，第四是福建省，上述4省登陆的台风占全国11个省(市)登陆台风的84%。

年际变化：台风灾害有年际变化的特点，有的年份台风灾害比较严

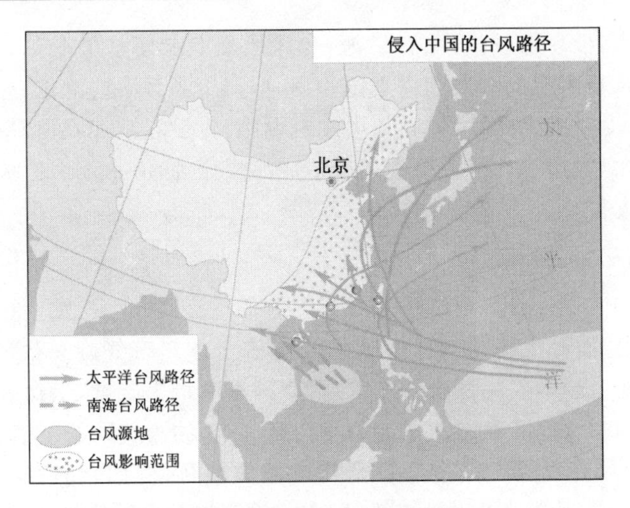

图 2.3　侵入中国的台风路径

重，有的年份灾害程度要轻一些。据西北太平洋上的台风统计，年平均为 35.2 个，但年际变化大，多的年份要超过 50 个，少的年份不足 25 个，一般来说，西北太平洋上的台风多，对我国的影响就会比较严重，西北太平洋上的台风少，对我国的影响也就轻一些，如 1982 年和 1997 年，西北太平洋上的台风均是 29 个，比年均数 35.2 个少，因而登陆我国的台风也少，该两年都只有 5 个台风登陆我国，比年均数 9 个要少。太平洋上台风的多少，其中一个重要原因是与太平洋上发生的厄尔尼诺(El Nino)和拉尼娜(La Nina)有很大关系。“厄尔尼诺”一词来源于西班牙语，原意为“圣婴”，现指发生在太平洋东部、厄瓜多尔南部和秘鲁北部沿岸海面温度升高的现象，如果那儿的海水温度偏低，则称反厄尔尼诺，又称拉尼娜。厄尔尼诺发生时，由于东太平洋海温高，西太平洋海温低，不利于西太平洋台风生成，所以西北太平洋的台风也就少，如 1982 年、1997 年都是发生厄尔尼诺的年份，因此西北太平洋上的台风比正常年份少；发生拉尼娜时，由于东太平洋海温低，西太平洋海温高，有利于西太平洋台风生成、发展，因此，西北太平洋台风就多。如 1967 年、1970 年是发生拉尼娜年份，所以，西北太平洋上的台风分别多达 53 个和 48 个，远远超过 35.2 个的年平均数。

2.4.1.4 灾害防御

台风灾害防御重点是防大风、暴雨洪涝、风暴潮及强降水引发的地质灾害、城市积涝等次生灾害。台风灾害的防御包括陆上防御和海上防御，以下分别介绍陆上和海域船只防御台风的具体措施。

陆上防御

(1)做好相关物质准备，如手电筒、蜡烛、收音机、食物、饮用水、常用药品、通讯设备、漂浮器材等以备急需。

(2)及时收听(看)气象台站发布的最新台风信息，了解台风影响情况。

(3)在台风来临前要检查加固各类危旧住房、厂房、工棚、临时建筑、在建工程、市政公用设施(如路灯)、吊机、施工电梯、脚手架、电线杆、高压线、树木、广告牌、铁塔等，家庭要注意室外易被吹倒的物品，如太阳能热水器、电视天线等加固，将养在室外的动植物及其他物品移至室内(特别是楼顶、凉台上的花盆、杂物)。

(4)不要去台风经过的地区旅游，更不要在台风影响期间到海滩游泳或驾船出海；已出海船舶要通过各种渠道，及时掌握最新台风动态及避险指令，采取回港避风、固锚，人员上岸等措施。

(5)处于一线海塘外或非标准海塘内及其风口、溪边、洼地、海产养殖区、港区、滩涂、危房、工棚、临时简易房和易被大风吹倒的构筑物，高空设施附近、易发崩塌、滑坡、泥石流等地质灾害的山区陡坡、矿山岩石、坡脚沟口等危险地段的人员要及时转移到安全地带。

(6)处在易洪易涝低洼地段的仓库、堆场、商场等，要组织转移物资；成熟的农作物(或果类)要突击组织抢收回仓，各类塑料大棚要绑扎加固。

(7)不要靠近大树、广告牌、电线杆、高压线、高层建筑物及危房，以免被砸、被压或触电。不要在河、湖、海的路堤或桥上行走，不要在强风影响区域开车。

(8)台风暴雨造成洪涝时，要迅速判断周边环境，尽快向山上或较高地方转移，山洪暴发时，不要沿行洪道方向跑，而要向两侧快速躲避，更不要轻易游泳涉水过河。若有泥石流发生时，切记要向泥石流两侧的方向逃生。不要攀爬带电的电线杆、铁塔,也不要爬到泥坯房的屋顶(浸水易使房屋倒塌)。

(9)大风易刮断高压线,外出当发现电线断头下垂时,要迅速远避,千万不要涉水而过(地面积水也带电)以防触电伤人(切断电源,通知电力公司抢修)。

(10)台风严重影响时期,建筑工地停止施工,高空、海涂、山上等户外作业人员暂停作业,中小学、幼儿园停止上课,露天集体活动宣布暂停,并做好人员疏散工作。

海域船只防御

根据船只在海上所处区域不同,可将船只的防御,分为港内或锚地系泊船只的防御和海上船只的防御。

港内或锚地系泊船只防御:船舶处在港湾、江河和沿岸浅水区内,有地形的屏蔽,受到台风袭击的强度大为减弱。因此,抗风浪能力差的船舶主要采取系泊防台方式。在海上航行的船舶遇到台风,如果条件和时间许可,应尽量驶往适宜的港湾、江河、岛屿或沿岸浅水区进行系泊防台。系泊防台有锚泊、系浮筒和靠码头三种方法,常用的是锚泊。为增加锚的系留力和减少船舶的偏荡,一般抛双锚。系浮筒防台时,一般都以主锚锚链系在单浮筒上,如系双浮筒,须用有足够强度的尾缆系带。靠码头防台只适用于浪涌不大的港口。船舶系靠码头时,要考虑岸线的走向与风向的关系,缆桩强度和分布情况,潮汐情况和碰垫设备。除了要普遍加强系缆和增加碰垫外,特别要加强在最大风力的风向上的系缆和在易摩擦的地方增加碰垫,并使各系缆保持受力均匀。在浪涌大的港口,船舶不能靠码头防台,而应到开敞的锚地锚泊。抗风能力强的船舶在锚地防台条件不利时,可出海避离或顶风滞航。

海上船只防御:航行在海上的船只或在海上作业的船只要注意收听邻近气象台的海洋气象广播,及时了解海风和海浪情况,如获悉台风来临本船只所经航线,应迅速采取"停、绕、穿"三种避让措施:停,即滞航,待台风过后,再继续航行;绕,即根据台风移动方向和大风范围适当改变航线绕道而行;穿,即抢在台风到来之前迅速穿过。万一由于各种原因来不及躲避或误入台风时,应积极主动采取应急措施。

(1)弄清船只在台风中的位置,方法是尽量与海岸指挥台联系,了解清楚台风情况。如果失去联系,可根据“风压定则”自行测定台风中心方位,在北半球,背风而立,台风中心在本船的左边;在南半球,背风而立,台风中心在本船的右边。

(2)确定船只到台风中心的距离。在船上测到的气压比正常值低5百帕,则台风中心离船不会超过300千米;若测到的风力已达到8级,则台风中心离船150千米左右。

(3)迅速果断地采取驶离台风的措施。风向顺时针变化,气压不断下降,风力逐渐增大,此时船位是处在台风前进方向的右半圆(此半圆风浪特别凶猛,故也称危险半圆),应采取风向对右舷船首的航向行驶;风向逆时针变化,气压不断下降,风力逐渐增大,此时船只处在台风的可航半圆的前半部(此半圆风浪相对较小,故也称可航半圆),应采取风向对右舷船尾的航向行驶;风向不变,气压不断下降,风力逐渐增大,此时船只处在台风的前部,而且还在台风行进的路线上,也应采取风向对右舷船尾的航向行驶。台风路径可能随时改变,所以,应随时与海岸电台保持联系,以获得最新的台风消息,并密切注意风向的改变,及时修正航向,以顺利驶离台风。

2.4.2 暴雨灾害防御

2.4.2.1 含义

凡24小时雨量超过50毫米或12小时雨量超过30毫米都称之为暴雨,24小时超过100毫米为大暴雨,24小时超过250毫米为特大暴雨,连续3天日(24小时)雨量达到或超过50毫米为连续暴雨。

2.4.2.2 危害

暴雨的危害有三种,即渍灾、涝灾和洪水灾害,其中洪、涝灾往往是很难区分的。它们的形成与降水量,地理位置、地形、土壤结构、河道的宽窄和曲度、植被以及季节、农作物的生育期、防洪防涝设施等都有密切的关系。但大多情况下都是由于该地当时降水量过大造成的。尤其是严重的、大范围的洪涝灾害都是由暴雨、特大暴雨或持续大范围暴雨天气造成的。涝灾是指因积水过多而产生的危害;渍灾是指在低洼地区因地下水位过高,土壤水分长期处于饱和状态而造成的灾害;洪灾,是指由降雨引起江、河、湖、库及沿海水量增加、水位上涨而泛滥以及山洪暴发等所造成的危害。例如,1963 年 8 月,海河流域发生特大洪水,河北省连续 7 天下了 5 场暴雨,过程总雨量 1000 毫米以上的面积达 5560 平方千米,水库崩塌,桥架被毁,104 个县、市受灾,32 座县城进水,受灾面积 7294 万亩,倒塌房屋 1265 万间,京广、石德、石太等铁路线有多处被冲毁,受灾人口 2200 余万,直接经济损失达 60 亿元;1975 年 8 月,淮河流域发生特大洪水,20 多个县市、820 万人口、1700 多万亩为耕地受灾,京广线损毁 102 千米,中断 18 天,直接经济损失近 100 亿元;2004 年 7 月 10 日下午,北京遭受 10 年一遇的大暴雨,2 小时平均降水量超过 50 毫米,造成 40 多处严重积水,21 处严重堵车,其中有 8 座立交桥交通瘫痪。

图 2.4　2008 年四川省 12 市、38 个县(市)遭受暴雨袭击,其中 9 个县(市)降了大暴雨,彭山和新都日降水量均突破 9 月历史极值。图为 2008 年 9 月 26 日四川省彭山市遭受大暴雨袭击,市内积涝成灾(引自《中国气象局 2008 年年度报告》)

2.4.2.3　灾害特点

暴雨灾害以暴雨渍涝灾害和暴雨洪涝灾害为主。这两种灾害在水文特性和危害性方面明显不同，洪水来势凶猛，俗话中总是将“洪水猛兽”联系在一起，它能在短时间内破坏各种基础设施和房屋建筑，淹死人畜、毁坏农田庄稼；而渍涝一般来势较缓，强度较弱，主要影响农作物生长，造成农业减产。随着城市经济发展，城市内涝积水也会影响工业生产和商业活动。

损失重：暴雨在不同的自然地理环境下可演化为洪水、渍涝、泥石流、滑坡和崩塌等自然现象和灾害，这种灾害还可以进一步演化为水土流失、血吸虫、瘟疫等。以上的演变，是以暴雨洪涝灾害为主体形成的暴雨洪涝灾害链。洪涝灾害损失十分严重，据有关部门测算，目前，我国每年因洪涝灾害造成的经济损失超过 1500 亿元。就一次洪涝过程来说，流域性洪涝灾害的损失最重，尤其是在下游和出海口地区，不仅要受到上游洪水的威胁，还会受风暴潮和海啸的侵袭。

时空分布的普遍性和不均性：洪涝灾害与降水时空分布及地形有关。我国每年平均降雨量分布随着与海洋距离的加大而逐渐减少，大致从东南沿海向西北内陆递减，由 1500 毫米以上逐渐减少到 50 毫米以下，从大兴安岭起，经张家口、榆林、兰州、玉树至拉萨附近的 400 毫米等雨量线，把我国东南划为湿润和半湿润区，西北划为干旱和半干旱区。所以，洪涝一般是东部多、西部少；沿海地区多，内陆地区少；平原地区多，高原和山地少。根据洪涝分布特征大致可分为多涝区、次多涝区、少涝区和最少涝区。多涝区有 5 个地区：两广大部、闽南地区和台湾省，这是全国受涝次数最多，且范围较大的地区；湘赣北部；苏浙沿海和闽北；淮河流域；海河流域。这些地区平均约 3 年出现 1～2 次。次多涝区主要有 4 个地区：湘赣南部和闽西北；汉水流域和长江中游及川东地区；黄河下游地区；辽河地区。这些地区平均 3～5 年出现一次洪涝。少涝区主要有 3 个地区：云贵高原；黄河中游地区；东北平原。这些地区平均 15～16 年出现 1～2 次。最少涝区有西北大部、青藏高原及内蒙古大部和大小兴安岭地区，这些地方极少出现较大范围的洪涝，即使出现洪涝，也是局部的。渍涝灾害的地区分布主要受降雨量和地形两大因素影响，降雨量愈集中的地区，地形愈低洼平坦的地区，其渍涝灾害也愈多愈严重。渍涝灾害也主要发生在松花江、辽河、海河、黄河、淮河、长江和珠江等7大江河中下游的广阔平原地区，其中以东北的三江平原、松嫩平原、辽河平原、黄河河套平原、鄱阳湖和洞庭湖滨湖地区、长江下游沿江平原、太湖湖荡地区和珠江三角洲等地区最为集中。

季节性：洪涝灾害具有明显的季节性特点。我国洪涝主要发生在4—9月。由于我国南北跨度较大，因此，在洪涝多发期间，南北方洪涝一般不是同时出现，而先南后北，基本与气候雨带的南北推移相吻合。一般情况为5—6月是华南暴雨洪涝的多发期；6—7月是江淮流域暴雨洪涝的多发期，江南的“梅雨”就是在这段时期出现；7—8月是华北暴雨洪涝的多发期；8—9月雨带又回到华南，此时，华南又会多发生暴雨洪涝。

年际变化：洪涝灾害的年份灾害特别严重，有的年份灾害相对轻一些。据统计，从1848年至1945年近百年间，全国洪涝变化经历了5个重灾期和5个轻灾期，5个重灾期平均持续约10.4年，5个轻灾期平均为9.2年，两者相当接近。从重灾期至下一个轻灾期的准周期长度，最长为25年，最短为15年，平均19.6年。1949年以后，1954—1964年，是全国洪涝比较频繁严重时期，其间长江、淮河、黄河、海河、松花江和辽河等流域都发生了新中国成立以来最大洪水，造成严重洪涝灾害，全国每年平均受灾面积达1000余万公顷；在接下来的1965—1978年，七大江河水势比较平稳，除个别年份如1975年外，没有发生大面积积洪涝灾害，是洪涝灾害比较轻的一个阶段，全国每年平均受灾农田面积只有480余万公顷，不足上一阶段半数；1980年以后，洪涝灾害又趋频繁严重，1980—1990年，全国每年平均受灾农田面积又上升至1055万公顷，且此后的近10年间，长江、淮河流域还出现了1991、1995、1996、1998、1999年大洪水，造成的灾害仍然是比较重的。

突发性和渍涝灾害的延缓性：洪涝灾害不像干旱灾害那样周期长、慢慢形成，而往往只是在一两天时间内，有的仅在一夜之间就发生，突发性比较明显。据统地，1952—1980年长江中下游历年雨涝等级和持续时间资料，除个别年份因缺资料外，历年都有渍涝出现。渍涝持续时间，最短为一个旬，最长可达4个月以上(1952年和1954年)，一般多为20天至1个月之间。

2.4.2.4 灾害防御

(1)做好必要物资储备如水、食物、手电筒等以防断电断水。

(2)地势低洼的居民住宅区,可因地制宜采取“小包围”措施,如砌围墙、大门口放置挡水板、配置小型抽水泵等。

(3)及时疏通下水道,防止堵塞,造成暴雨时积水成灾。

(4)底层居民家中的电器插座、开关等应移装在离地1米以上的安全地方。一旦室外积水漫进屋内,应及时切断电源,防止触电伤人。

(5)减少外出,必须出行时在积水中行走要注意观察,防止跌入窨井或坑、洞中,不要走过桥下、涵洞等低洼容易积水处。

(6)居住在病险水库下游、山体易滑坡地带、低洼地带、有结构安全隐患房屋等危险区域人群应转移到安全区域。

(7)被洪水浸泡过的房屋不要马上入住,应进行安全检查后才入住。

(8)暴雨洪涝严重影响时期,室外生产活动停止,中小学、幼儿园停止上课,露天集体活动暂停,并做好人员疏散工作。

(9)暴雨易引发泥石流、山洪,在沟谷内游玩时遇暴雨不要向低洼的山谷和险峻的山坡下躲避。发现泥石流、山洪来时,不要顺着山沟往下跑,要向垂直方向的两面山坡爬,离开沟道、河谷地带。

(10)已经撤离到安全区域后,在暴雨停止后不要急于返回沟内收拾物品。

2.4.3 暴雪

2.4.3.1 含义

能见度在100米以内,12小时内降雪量大于6.0毫米或24小时内降雪量大于10.0毫米或积雪深度达8厘米的降雪过程。多发生在冬季和初春。降雪致灾主要是因为积雪以及降雪时造成的低能见度。

2.4.3.2 危害

暴雪对交通影响很大,降大雪时若不能及时清理路面,极易造成交通中断，降大雪时由于能见度低，应当关闭高速公路，航运、航空必须停运，大雪还易压断通讯、输电线路，厚的积雪还会压坏蔬菜大棚，使农作物遭受冻害，积雪也能遮挡大棚的光照，影响作物生长，降雪往往伴随大风和降温，雪后气温骤降，出现持续严重冰冻，如不及时采取防范措施，会发生冻害，对生活生产影响很大。根据我国雪灾的形成条件、分布范围和表现形式，将雪灾分为3种类型：雪崩、风吹雪灾害（风雪流）和牧区雪灾。

图2.5 雪崩引起的灾害示意图(引自张海峰，2008)

雪灾亦称白灾，是因长时间大量降雪造成大范围积雪成灾的自然现象。下雪特别是大雪会阻塞道路，严重影响交通，容易造成交通事故。严重的暴风雪会造成直接经济损失。连续不断的降雪还会造成雪崩。在山区，积雪超过一定厚度，积雪之间的附着力支撑不住积雪的重力时，便会发生雪崩现象。大雪还易压断通信、输电线路，我国很多地区都曾出现过因大雪而造成大范围停电事故。厚的积雪还会使各种植物，尤其是庄稼、蔬菜等遭受冻害；同时，大量降雪后往往伴随大风降温出现，雪后气温骤降，如不及时采取防范措施，人、畜极容易冻伤。例如，如1999年10月至2000年4月，西北多次接连降雪，大风8～12级，个别地方气温降至－50℃左右，内蒙古有些地方积雪深度有70厘米，藏北127个乡镇遭受严重雪灾，新疆阿勒泰山一带平均降雪深度达1.2米以上，山区积雪最深达2米；伊犁和易贡发生雪崩，易贡河被泥石流阻断，上游壅水超过历史最高记录，下游断流，1000群众被困易贡沟内，许多地方供电设备、通讯和交通中断；川藏公路波密至八宿段雪深1～2米，当地群众及500余进藏旅客被困。据初步资料统计，受灾牧民80多万，受灾牲畜2000万头，死亡7.2万头以上，直接经济损失至少超过5000万元。2008年1月10日至2月2日，我国南方地区连续出现四次低温雨雪冰冻天气过程，其影响范围之广、强度之大、持续时间之长，均为百年一遇。京珠高速公路韶关段封闭，冰雪灾情严重；贵阳凝冻再现冰瀑奇观；旅客乘坐大巴因雪灾分别在湖南、韶关乐昌被堵了十天十夜；输电铁塔被积在支架上的冰凌压塌，许多城市的电力供应中断，城市一片漆黑；受灾城市中的自来水管因为低温而结冰，人们的日常用水严重缺乏，只能靠消防车为居民运来食用水。高速公路、铁路、飞机场上结起了厚厚的冰层，各种交通工具均无法正常运行。给南方地区造成巨大的灾害，并对社会经济和人民的生命财产造成了巨大的损失。因灾直接经济损失1516.5亿元。

图2.6　2008年1月，一场罕见的低温雨雪冰冻天气突袭我国南方
这是2月2日，一辆破冰车在京珠高速公路韶关大桥路段铲除冰层(新华社发)

风吹雪包括低吹雪、高吹雪和暴风雪三种，它对自然积雪有重新分配的作用。世界上风雪流分布较广，对自然环境和社会经济影响较大，风雪流不仅是形成极地冰盖、高山冰川、雪崩等的物质来源之一，诱发并加重冰雪洪水、雪崩、泥石流及滑坡等自然灾害，而且直接给公交、农牧业和人民的生命财产造成严重损失。我国有风雪区域的面积占国土面积的55%，主要分布在青藏高原及其四周山区、北疆和天山、内蒙古与东北地区，其南界比北半球其他地区风雪流南界纬度偏低。研究风雪流的形成并进行防治，以及因势利导利用风雪流增加农田积雪保墒和增加水库水量具有重要的理论意义与实用价值。

雪灾是中国北方牧区常发生的一种畜牧气象灾害，主要是指依靠天然草场放牧的畜牧业地区，由于降雪量过多和积雪过厚，雪层维持时间长，影响正常放牧活动的一种灾害。对畜牧业的危害，主要是积雪掩盖草场，且超过一定深度，有的积雪虽不深，但密度较大，或者雪面覆冰形成冰壳，牲畜难以扒开雪层吃草，造成饥饿，有时冰壳还易划破羊和马的蹄腕，造成冻伤，致使牲畜瘦弱，常常造成牧畜流产，子畜成活率低，老、弱、幼畜饥寒交迫，死亡增多。雪灾还严重影响甚至破坏交通、通信、输电线路等生命线工程，对牧民的生命安全和生活造成威胁。雪灾主要发生在稳定积雪地区和不稳定积雪山区，偶尔也出现在瞬时积雪地区。中国牧区的雪灾主要发生在内蒙古草原、西北和青藏高原的部分地区。

2.4.3.3　灾害特点

雪灾按其发生的气候规律可分为两类：猝发型和持续型。猝发型雪灾发生在暴风雪天气过程中或以后，在几天内保持较厚的积雪对牲畜构成威胁。多见于深秋和气候多变的春季，如青海省1982年3月下旬至4月上旬和1985年10月中旬出现的罕见大雪灾，便是近年来这类雪灾最明显的例子。持续型雪灾严重危害牲畜，积雪厚度随降雪天气逐渐加厚，密度逐渐增加，稳定积雪时间长。持续型雪灾可从秋末一直持续到第二年的春季，如青海省1974年10月至1975年3月的特大雪灾，持续积雪长达5个月之久，极端最低气温降至－30～－40℃。人们通常用草场的积雪深度作为雪灾的首要标志。由于各地草场差异、牧草生长高度不等，因此形成雪灾的积雪深度是不一样的。

2.4.3.4　灾害防御

（1）做好防寒保暖工作，减少出行，贮备足够的食物和水，必须外出时采取保暖措施，不穿硬底或光滑底的鞋，避免摔伤。

（2）车辆减少外出，必须外出时可给轮胎适当放气，增加与路面的摩擦力，听从交警指挥，减速慢行，与前车保持足够的距离，车辆拐弯要提前减速，避免急刹。有条件应安装防滑链，佩带色镜。

（3）出现交通事故或车辆抛锚后要及时在车辆后方设立明显标志以防止连环交通事故。

（4）在室外要远离广告牌、临时搭建物和老树，避免被砸伤，路过桥下、屋檐等处时要注意观察或绕道而行，避免因冰凌融化脱落伤人。

（5）注意不要待在结构不安全的房子中，大跨度的厂房等要进行加固。

（6）及时开展道路积雪清扫，树木积雪清除，在确保安全的情况下清除房顶积雪。

（7）农作物采取覆盖等防冻措施，大棚等设施要及时除雪，防止压垮。野外牲畜要及时赶到圈里喂养，并准备足够的饲料。

（8）如果被积雪围困要及时拨打报警电话求救。

2.4.4　寒潮

2.4.4.1　含义

指北方强冷空气南下影响，引起的剧烈降温、大风和降水天气现象。冬半年突出表现为大风和降温。一般风速可达5～7级，海上达6～8级。持续时间多在1～2天。在中国北方为西北风、中部为偏北风，南部为东北风。在干旱的西北、华北地区，经常形成风沙。冷空气过境后，气温急降，可持续1天至几天。西北、华北地区降温较多，华中、华南由于冷空气变弱，降温较少。降温能引起霜冻、结冰。降水主要产生在冷锋附近，淮河以北降水较少，偶有降雪，淮河以南，降水增多，尤其当冷锋减速或准静止时，能产生大范围较长时间的降水。春、秋季，寒潮天气除大风、降温外，北方有扬沙、沙暴现象，降水机会也较冬季增多。我国中央气象台规定，凡一次冷空气在长江中下游及其以北地区48小时内降温10℃以上，长江中下游最低气温达4℃或4℃以下，陆地上有相当于3个大行政区出现5～7级大风，沿海有3个海区出现7级以上在风的，作为播发寒潮警报的标准；如果48小时内最低气温下降14℃以上，陆地上有3～4个大行政区有5～7级、沿海所有海区出现7级以上大风的，作为播发强寒潮警报的标准。由于我国幅员辽阔，各地气候差异很大，因此，各地气象台还制定了适合本地的寒潮标准。

2.4.4.2 危害

寒潮大风在西北地区常引起沙尘暴，在沿海地区还常常影响海上的渔业生产，甚至造成翻船事故。

寒潮带来的大雪会使北方广大牧区出现“白灾”。“白灾”是指草原放牧业的一种冬春季雪灾。冬半年降雪量过多，积雪过厚，雪层维持时间长，积雪掩埋牧场，影响农畜放牧采食或不能采食，使之挨饿或因此染病，甚至发生大批牧畜死亡。白灾主要发生在内蒙古草原、西北和青藏高原的部分地区。

寒潮带来的冰雪天气在江南地区也会造成严重灾害。寒潮带来的低温对温暖的南方也会造成重大灾害。寒潮带来的强烈降温，可诱发感冒、气管炎、冠心病、中风、哮喘、心肌梗死、心绞痛、偏头痛、高血压等疾病，而且还能使这些病患者病情加重，甚至死亡。

寒潮造成的连续低温阴雨和倒春寒天气。它对江南早稻影响最大，只要日平均气温低于12℃，最低气温低于8℃，持续3天以上，并伴有阴雨，就会发生冷害，引起芽种霉烂或烂秧。

寒潮带来的大雪和积雪会严重影响交通，甚至造成事故。积雪和雪崩封堵铁路、公路、积雪结冰路滑导致交通事故。

寒潮还可造成晚春的雷暴冰雹。例如1983年4月27—28日的寒潮，使长江以南的7个省(市)下了冰雹，其中仅湖南省就有68个县市发生冰雹天气，冰雹最大直径60毫米，打坏秧苗30多万亩，毁坏作物135万亩。

2.4.4.3 灾害特点

季节性:寒潮出现的时间,最早开始于9月下旬,结束最晚是翌年5月。春季的3月和秋天10—11月是寒潮和强冷空气活动最频繁的季节,也是寒潮和强冷空气对生产活动可能造成危害最重的时期。

区域性:寒潮爆发在不同的地域环境下具有不同的特点。在西北沙漠和黄土高原,表现为大风少雪,极易引发沙尘暴天气。在内蒙古草原则为大风、吹雪和低温天气。在华北、黄淮地区,寒潮袭来常常风雪交加。在东北表现为更猛烈的大风、大雪,降雪量为全国之冠。在江南常伴随着大风、降温、降水和沿海大风。

2.4.4.4 灾害防御

(1)关好门窗,加固室外搭建物。

(2)注意添衣保暖,尤其是老弱病人的防护,减少外出,加强呼吸道、心脑血管等疾病预防。

(3)船舶应进港避风,高空、水上等户外作业停止。

(4)处于危旧房屋内的人员要视风、雨雪情况进行撤离。

(5)如遇道路有积雪和冰冻,出门当心路滑跌倒,少骑自行车。汽车要采取防滑措施,服从交通指挥,慢速安全驾驶,行人要注意远离或避让汽车。

(6)农业生产上遇寒潮、低温、冰冻时,对生产设施(大棚等)进行加固,露地作物通过田间灌溉、覆盖薄膜、草木灰、草帘、熏烟、喷洒防冻液等减少冻害,对家畜、水产品采取防冻措施。

(7)砖瓦厂保温防冻、新浇水泥要覆盖防冻。

2.4.5 大风

2.4.5.1 含义

在陆地,平均(2分钟或10分钟)风速≥14米/秒(风力达到6级以上)或阵风风速≥17米/秒(风力达到8级以上)称大风,8级以上的大风对航运、高空作业等威胁很大。大风发生可吹翻船只、拔起大树、吹落果实、折断电杆、倒房翻车,还能引起沿海的风暴潮,助长火灾等。

2.4.5.2　危害

大风主要是由台风、寒潮大风、雷暴大风、龙卷风等所造成。大风的危害有四个方面：一是风力破坏；二是刮蚀地皮；三是风沙灾害；四是灾害性海浪。

风力破坏：大风破坏建筑物，吹倒或拔起树木电杆，撕毁农民塑料温室大棚和农田地膜等等。此外，由于西北地区4—5月正是瓜果、蔬菜、甜菜、棉花等经济作物出苗，生长子叶或真叶期和果树开花期，此时最不耐风吹沙打。轻则叶片蒙尘，使光合作用减弱，且影响呼吸，降低作物的产量；重则苗死花落，那就更谈不上成熟结果了。例如，1993年5月5日西北地区一场大风特强沙尘暴造成8.5万株果木花蕊被打落，10.94万株防护林和用材林折断或连根拔起。此外，大风刮倒电杆造成停水停电，影响工农业生产。2007年2月28日，从乌鲁木齐驶往阿克苏的5807次列车，被13级大风吹翻，造成人员伤亡。

刮蚀地皮：大风作用于干旱地区疏松的土壤时会将表土刮去一层，叫做风蚀。2001年5月2日一场大风使内蒙古白音锡勒牧场近2万亩耕地播种的小麦种子、化肥及8厘米表土被全部吹走。

风沙灾害：在狭管，迎风和隆起等地形下，因为风速大，风沙危害主要是风蚀，而在背风凹洼等风速较小的地形下，风沙危害主要是沙埋。例如，1993年5月5日大风(黑风暴)造成沙埋平均厚度达20厘米，最厚处达到了1.2米。造成85人死亡，伤264人，失踪31人，死亡和丢失大牲畜12万头，农作物受灾560万亩，沙埋干旱地区的生命线水渠总长2000多千米，兰新铁路停运31小时。总经济损失超过5.4亿元。

灾害性海浪：例如：1959年4月11日，江苏吕泗渔场突遭大风袭击，华东六省一市渔船遭受重创，其中浙江渔民死亡1479人，沉没渔船278艘，损坏渔船2000余艘，生产、生活资料损失惨重，这是新中国成立以来浙江省的最大海损事故。

2.4.5.3　灾害特点

季节性：绝大多数地区春季大风日数多于冬季，冬季大风日数最多的地区位于青藏高原和台湾海峡，每月平均10天以上。夏季是全年大风日数最少的季节。秋季大风日数近于冬季。但各地大风季节分布有很大差异。

区域性：青藏高原，因海拔高、地表亦较平坦，年大风日数高达75～100天以上，这是我国范围最大的大风日数高值区，大风是高原牧业生产的主要灾害之一；中蒙边境地区和新疆西北部，均为寒潮入侵我国的门户，尤其是中蒙边境地区，地处阿尔泰山和大兴安岭之间的广阔山口地带，寒潮大风、气旋大风在此畅通无阻；沿海地区及海岛容易遭受海上大风袭击。

2.4.5.4　灾害防御

(1)尽量减少外出，必须外出时少骑自行车，不要在广告牌、临时搭建筑物下面逗留、避风。

(2)如果正在开车时，应将车驶入地下停车场或隐蔽处。

(3)如果住在帐篷里，应立刻收起帐篷到坚固结实的房屋中避风。

(4)如果在水面作业或游泳，应立刻上岸避风，船舶要听从指挥，回港避风，帆船应尽早放下船帆。

(5)在房间里要关好窗户，适当加固，如遇危房，应立即搬出。

(6)暂停户外活动或室内大型集会，如在公共场所，应向指定地点疏散。

(7)农业生产设施应及时加固，成熟的作物尽快抢收。

(8)老、弱、病、幼人群切勿在大风天气外出，社区里的幼儿园、学校应采取暂避措施，建议停课。

农业防御大风灾害：

(1)选择抗风树种。在种植设计时，风口、风道处选择抗风性强的树种，而不要选择生长迅速而枝叶茂密及一些易受风害的树种。

(2)注意苗木质量及栽植技术。苗木移栽时，特别是移栽大树，如果根盘起得小，则因树身大，易遭风害。所以大树移栽时一定要立支柱，以免树身吹歪。在多风地区栽植，坑应适当大，如果小坑栽植，树会因根系不舒展，发育不好，重心不稳，易受风害。对于遭受大风危害的风树及时顺势扶正，培土为馒头形，修去部分枝条，并架支柱。对裂枝要捆紧基部伤面，促其愈合，并加强肥水管理，促进树势的恢复。

2.4.6 沙尘暴

2.4.6.1 含义

沙尘暴是沙暴和尘暴两者兼有的总称，是指强风把地面大量沙尘物质吹起卷入空中，使空气特别混浊，水平能见度小于1千米的严重风沙天气现象。其中沙暴系指大风把大量沙粒吹入近地层所形成的挟沙风暴；尘暴则是大风把大量尘埃及其他细粒物质卷入高空所形成的风暴。沙尘暴天气过程是指在同一次天气过程中，我国天气预报区域内3个或3个以上国家基本(准)站在同一观测时次出现了沙尘暴天气；强沙尘暴天气过程是指在同一次天气过程中，我国天气预报区域内3个或3个以上国家基本(准)站在同一观测时次出现了能见度小于500米的强沙尘暴天气。

2.4.6.2 危害

沙尘暴天气是我国西北地区和华北北部地区出现的强灾害性天气，可造成房屋倒塌、交通供电受阻或中断、火灾、人畜伤亡等，污染自然环境，破坏作物生长，给国民经济建设和人民生命财产安全造成严重的损失和极大的危害。沙尘暴危害主要在以下几方面：

生态环境恶化：出现沙尘暴天气时狂风裹的沙石、浮尘到处弥漫，凡是经过地区空气浑浊，呛鼻迷眼，呼吸道等疾病人数增加。如1993年5月5日发生在金昌市的特强沙尘暴天气(能见度小于50米)，监测到的室外空气含尘量为1016毫克/米^3，室内为80毫克/米^3，超过国家规定的生活区内空气含尘量标准的40倍。

生产生活受影响：沙尘暴天气携带的大量沙尘蔽日遮光，天气阴沉，造成太阳辐射减少，几小时到十几个小时恶劣的能见度，容易使人心情沉闷，工作学习效率降低。轻者可使大量牲畜患染呼吸道及肠胃疾病，严重时将导致大量“春乏”牲畜死亡、刮走农田沃土、种子和幼苗。沙尘暴还会使地表层土壤风蚀、沙漠化加剧，覆盖在植物叶面上厚厚的沙尘，影响正常的光合作用，造成作物减产。

生命财产损失：1993年5月5日，发生在甘肃省金昌、威武、民勤、

图 2.7　1993 年 5 月 5 日沙尘暴到达金昌市的情景(引自张小曳,2009)

白银等地市的特强沙尘暴天气,受灾农田 253.55 万亩,损失树木 4.28 万株,造成直接经济损失达 2.36 亿元,死亡 50 人,重伤 153 人。2000 年 4 月 12 日,永昌、金昌、威武、民勤等地市强沙尘暴天气,据不完全统计仅金昌、威武两地市直接经济损失达 1534 万元。

交通安全(飞机、汽车等交通事故):沙尘暴天气经常影响交通安全,造成飞机不能正常起飞或降落,使汽车、火车车厢玻璃破损、停运或脱轨。

2.4.6.3　灾害特点

影响面积大、高频区集中:西起新疆,东抵沿海,受沙尘暴和扬沙不同程度影响的省市区分别为 17 个和 25 个。我国沙尘暴集中在两个主要高频区,即塔里木盆地及其周围地区和阿拉善,河西走廊东北部及其邻近地区。

与地表沙化程度密切关联:塔克拉玛干等大沙漠,以及其散布在黄河河套、青藏高原、内蒙古高原的沙地为扬沙和沙尘暴天气的出现提供了极为丰富物质源。

日变化规律:一日之中,沙尘暴主要发生在午后到傍晚时段内,占 65.4%;其他时段内,占 34.6%。在甘肃河西走廊中部地区,黑风暴大都现出在12—22时的时段内。每天13—18时是沙尘暴天气易发高峰期。

年变化规律:我国北方地区沙尘暴的年变化特点是:春季最多,约占全年总数的1/2,夏季次之,秋季最少;按月份来看,4月份发生频率最高,3月和5月份次之,秋季的9月份最低。内蒙古中西部地区4月份沙尘暴出现频率最高,春季(3—5月)占全年的73%。

沙尘暴日数呈下降趋势:据沙尘暴详细记录,1954—2000年,我国北方388个沙尘暴日数总体趋势是下降的,其中20世纪50年代最高,60年代减少,之后70年代又有回升的趋势,到了80年代又减少,90年代最少。

2.4.6.4 灾害防御

沙尘暴灾害的防御必须做到"一听(看)、二观察、三防御":

一听(看):即收听(看)气象台站通过新闻媒体、气象网站、手机气象预警短信等方式发布的"沙尘暴预报警报天气信息",提前做好各项安全防范措施;

二观察:即观察天气演变。根据沙尘暴云团出现方位、移动方向(一般沙尘暴是自西北向东移动)、移动速度和自己所处环境等迅速作出防御应急措施;

三防御:一旦遇到沙尘暴天气时,应当采取后面所述几种方法进行科学防范。

如果你是在野外来不及躲避沙尘暴时,一定要保持镇静,千万不要惊慌,应当选择山坡或(土丘)背风一侧,采取顺着风向趴地,双手抓住坚固物体或将头部放在双臂之间保护头部等自我保护措施,减少沙尘对眼睛、呼吸道等造成的损伤。

千方百计做好抢险救灾和灾后重建等工作,将沙尘暴造成的损失减少到最低程度。

防御措施

沙尘暴来临之前:

(1)关紧门窗,可用胶条对窗户进行封闭。妥善安置易受沙尘暴影响的室外物品。

(2)尽量减少外出,如必须外出要戴口罩纱巾、眼镜等物品,尽量避免骑自行车。

(3)电力通讯部门要注意安全保护。特别要防止线路中断,严防供电设备损坏后所引起的火灾危害。

(4)幼儿园和学校应采取暂避措施。出现特强沙尘暴时,建议学校停课或推迟上(放)学时间。

(5)应当停止露天高空作业等,加固建筑塔吊等设备,加固各种蔬菜大棚,对晾晒的物品进行覆盖保护。

(6)做好精密仪器的密封防尘工作。

(7)要密切关注气象部门关于沙尘暴的预报、警报信息,并到安全地方暂避。

突然袭来沙尘暴的防御措施:

(1)不要外出。特别是抵抗力较差的老年人、婴幼儿以及患有呼吸道过敏性疾病的人群,更应该待在门窗紧闭的室内。

(2)户外人员,要迅速远离水渠、河岸、高压线、水井、吊车、大型广告牌等危险地段,到安全地方躲避。

(3)因沙尘暴看不清路时,不要乱跑乱窜,可背向沙尘暴来向蹲下,等待沙尘暴过去。

(4)停止田间劳动,应趴在相对高坡的背风处,或者抓住牢固的物体,绝对不乱跑乱窜。

(5)在公路上行驶的汽车,应打开防雾灯减速行驶或者停靠在安全的地方,停运避风。行驶在沙尘暴经过地区的火车,应当减速行驶,防止车厢侧翻;严防因沙尘暴气流挟裹的沙石打破车窗玻璃后,而引起的伤人事故。遇到有强沙尘暴天气过境的飞机场应当根据地面指挥命令,尚未起飞的应当停飞;飞行在途中的飞机应当避开沙尘暴天气经过的地区飞行;需要降落的飞机应当选择邻近无沙尘暴天气的机场降落。

(6)一旦发生气短、胸痛等症状,应尽快到医院检查治疗。

尘土入眼时的防御措施:

(1)如果尘土不慎进入眼中,千万不要使劲揉眼睛,如果靠自己眼泪无法将尘土冲出,应立即请人帮助,把尘土、脏物取出。

(2)救助者先用肥皂和清水洗手,然后检查伤者的眼睛。

(3)翻转上眼皮,用消毒棉签或干净手绢折叠出一个棱角轻轻拭出异物,并及时点几滴抗生素眼药水,以预防感染。

(4)如果尘土仍没有除去,可用杯、瓶等容器将温水倒入睁开的眼睛,冲走异物。

(5)如果上述方法仍未奏效,不要再尝试处理,用敷料轻轻盖住受伤的眼睛,尽快拨打"120"急救电话。

2.4.7 高温

2.4.7.1 含义

不管是动物还是植物,当环境温度达到或超过某个量值时,会造成不适甚至伤害,根据环境温度与生物的一般规律,气象上将日最高温度≥35℃称为高温,连续三天或三天以上日最高温度≥35℃称为连续高温。

2.4.7.2 危害

高温酷暑会给工农业生产和人民生活带来严重影响,尤其在人体健康、交通、用水用电、农作物生长等方面的影响更为严重。首先高温酷暑会使人的身体不适应,闷热难耐,工作效率降低,中暑病人增加,死亡率高。高温酷暑易发交通事故。高温酷暑会使用水用电急增,易发水电事故。高温酷暑对农作物生长不利,会造成粮食歉收,棉花、蔬菜减产。如 1988 年夏季,南京、上海、南昌等地因高温酷暑,中暑住院的病人有 2000 余人,其中 300 人死亡,劳动生产率大大下降。1998 年 7 月,上海出现持续高温,用水用电日供量突破历史最高记录,地下水管因水压过高在 20 天中爆管 44 次,用电剧增后,有的电缆因超负荷而发生故障,工厂停工,家用电器也无法使用。2003 年浙江出现了历史罕见的高温热浪天气,全省除海岛外大部分地区极端最高气温都高达 40℃以上,丽水达 43.2℃,为当年全国最高气温值。全省近 40%站点比 2003 年前的历史极值高出 1℃以上,温州、椒江等地高出 2℃以上,庆元高 2.4℃。持续高温热浪让浙江遭受了前所未有的能源荒,对浙江 GDP 造成 0.6 个百分点的损失。

2.4.7.3　灾害特点

地域性：我国高温日数最多的地方是在新疆海拔很低的吐鲁番盆地之中，吐鲁番气象站35℃以上的高温天气平均每年有98.4天之多，塔里木盆地也在30～40天以上；全国夏季最闷热的地方是在北纬26°～30°之间以及万县到重庆的长江河谷，高温天气大部分在30天以上，其中许多站超过40天。例如福建沙县48.3天，湖南衡阳42.9天，浙江丽水、江西贵溪42.7天等。我国高温日数最少的地区是西南高海拔地区、天山、阿尔泰山、青藏高原等海拔2000米以上的山区，那里已不再有35℃以上高温出现，东北地区许多地方高温日平均不到1天，即并非每年都有高温日。沿海地区因受海洋性气候影响，高温日也相对少些。

季节性：高温灾害主要发生在夏半年，但我国南北方的高温出现有先后，先在南方出现，然后向北推移，高温区域逐渐扩大。

波动性：夏季高温有明显的波动特点。一般来说，进入高温季节后，并非每天都是高温，有些达到35℃高温标准，有些达不到高温标准，高温天气断断续续出现，波动十分明显。即使在出现高温日的一天中，气温也因太阳辐射作用，有显著波动，白天达到高温标准，夜间达不到高温标准，极端最高气温一般在下午2时前后出现，极端最低气温一般在早晨5时前后出现，所以白天热，深夜温度稍低。

持续性：夏季出现高温，当天气形势比较稳定，北方冷空气活动较少，副热带高压长期控制一地时，往往会出现持续性高温，接连几天、十几天、甚至几十天，太阳把大地烤得滚烫。在这种高温天气里，发生的灾害就更为严重。

2.4.7.4　高温灾害的防御

（1）外出活动前做好防晒准备，穿浅色衣服，打遮阳伞，戴太阳镜，同时贮备一些防暑药品和足够的饮用水。

（2）户外活动合理安排时间，避免中午和午后外出，且不要长时间在太阳下暴晒。

（3）老弱病人最好不要外出，如外出要有人陪护。

(4)露天高温作业场所和田间地头要准备必要的饮水和防暑药品。作业者如感不舒服时应迅速中止劳动到阴凉处休息。

(5)学校等场所应有降温措施并保持通风。

(6)如发生中暑后,应立刻从高温环境移到阴凉场所,敞开衣服,头部冷敷或冷水擦澡,喝淡盐水或清凉饮料,也可服用人丹、十滴水,出现呼吸困难或昏迷时应立刻送医院救治。

2.4.8 干旱

2.4.8.1 含义

干旱是因长期少雨或雨水不足,从而引发水分严重不平衡,造成缺水、作物枯萎、河流流量减少以及地下水和土壤水分枯竭。当蒸发和蒸腾(土壤中的水分通过植物叶面进入大气)长时期超过降水量时,即发生干旱。通常也指淡水总量少,不足以满足人的生存和经济发展的气候现象。干旱一般是长期的现象,是人类面临的主要自然灾害。即使在科学技术如此发达的今天,它们造成的灾难性后果仍然比比皆是。尤其值得注意的是,随着人类的经济发展和人口膨胀,水资源短缺现象日趋严重,这也直接导致了干旱地区的扩大与干旱化程度的加重,干旱

图 2.8 干旱引起庄稼枯萎

(引自《中国气象局 2008 年年度报告》)

化趋势已成为全球关注的问题。《气象干旱等级》国家标准中将干旱划分为五个等级，并评定了不同等级的干旱对农业和生态环境的影响程度：

1级　正常或湿涝，特点为降水正常或较常年偏多，地表湿润，无旱象；

2级　轻旱，特点为降水较常年偏少，地表空气干燥，土壤出现水分轻度不足，对农作物有轻微影响；

3级　中旱，特点为降水持续较常年偏少，土壤表面干燥，土壤出现水分不足，地表植物叶片白天有萎蔫现象，对农作物和生态环境造成一定影响；

4级　重旱，特点为土壤出现水分持续严重不足，土壤出现较厚的干土层，植物萎蔫、叶片干枯，果实脱落，对农作物和生态环境造成较严重影响，对工业生产、人畜饮水产生一定影响；

5级　特旱，特点为土壤出现水分长时间严重不足，地表植物干枯、死亡，对农作物和生态环境造成严重影响，工业生产、人畜饮水产生较大影响。

2.4.8.2　危害

干旱在我国一年四季都会发生，而且持续时间长、涉及范围广、潜在危害大。严重的旱灾不仅对农业生产影响大，而且直接影响社会经济发展，恶化人们生存条件。据统计分析，我国受旱面积20世纪50年代为1.7亿多亩，90年代年均3.64亿亩，因旱损失粮食50年代年均43.5亿千克，90年代年均为195.7亿千克。干旱始终困扰着我国经济、社会特别是农业生产的发展。20世纪的前50年中，曾发生过11次死亡逾万人的特大旱灾，其中，最大的两次分别发生在1928—1930年间的陕西省和1942—1943年间的河南省，因持续大旱造成严重的粮荒和饥荒，饿死灾民分别达250万和300万人。干旱除造成农业粮食歉收外，还造成水资源匮乏，导致工业生产和生活用水不足，给工业生产和居民生活带来严重影响。干旱还导致火灾多发。干旱发生时还因降水不足，土地墒情下降，致使土地沙化，盐碱化。例如，2001年2—5月，我国北方大部分地区（河南、山东、河北、山西、北京、天津、辽宁、黑龙江等)发生了近10年来持续时间最长、影响范围最广、最为严重的干旱灾害。据国家防汛抗旱总指挥部2001年5月底统计,全国农田受旱面积达3.41亿亩,其中墒情不足未能适时播种的有6400万亩,播后未能出苗的有1100万亩,干枯绝收的有445万亩;水田缺水栽插的有2300万亩;华北、东北地区的水库水位下降了46%。全国因干旱有1580万人、1140万头大牲畜发生临时饮水困难。

新中国成立后,大力兴修水利,不断提高抗旱能力,但是农业生产仍受干旱影响。在我国北方,特别是20世纪60年代以来,干旱日趋严重。黄河是中华文明的发祥地,素有"母亲河"之称,但由于降水少等原因,黄河下游自1972年第一次出现断流后,从90年代中期开始断流现象越来越严重,黄河断流意味着黄河流域将缺少赖以生存和生产所需的水资源,面临的干旱灾害会十分严峻。据统计,中原地区每1.5年就发生一次干旱,5年发生一次大旱。然而,近10年来干旱的现实却一再改写这个统计规律,自20世纪90年代以来,中原地区已发生了6次大面积严重干旱。

2.4.8.3 特点

严重性:干旱是我国农业最为严重的气象灾害,造成的损失相当严重。据有关统计,全国农作物平均受旱面积达3亿多亩,成灾面积达1.2亿亩,每年因旱减产平均达100～150亿千克,每年由于缺水造成的经济损失达2000亿元。在干旱高温的连续影响下,还常有蝗灾发生,蝗虫会毁灭大面积农作物,给旱灾雪上加霜。

广泛性:据有关统计表明,全国各地均有发生干旱的可能,只是严重程度不同而已。据统计,我国每年农田受旱涝灾害的面积约占总播种面积的27%左右,而其中60%左右是旱灾,俗话有"洪涝一条线,干旱一大片"之说,说明受旱面积非常广。除农业受干旱影响外,城市和工业也受干旱影响,缺水十分严重,目前,全国年缺水量达60亿立方米。

季节性:尽管一年四季都有可能发生干旱,但全国各都以冬春干旱和春天干旱发生的概率最高,持续时间也最长。最严重的是冬春连旱,大旱年都是冬春连旱。

持续性:严重的干旱灾害都是由连年干旱造成的。在我国历史上,干旱连年发生经常出现，如北京地区在1470—1949年间发生干旱170次，其中115次是连年发生的。1949年以后干旱仍有连年发生现象，如长江中下游地区1958—1961年连续4年干旱；1966—1968年连续3年干旱。

地域性：我国干旱灾害分布不均匀，总体上西部比东部严重，内陆比沿海严重。据1960—1979年近20年资料统计表明，旱灾最严重的是黄淮海地区，占全国受旱灾面积的50%左右，该区域降水变化大，干旱频率全年各季均较多。最少的是华南，仅占4%，该地区干旱主要集中在冬春和秋季两个时期。

潜伏性：干旱灾害的发生，尤其是在干旱初期并不像暴雨灾害那样明显，它是在无雨或少雨时期内逐渐演变而成的，在人们不知不觉中悄然而至，有一段潜伏期。

年际变化：有的年份干旱比较严重，有的年份干旱程度轻一些。干旱的这种年际变化除自身的周期变化、天文因素、高原积雪等影响外，发生在赤道太平洋上的厄尔尼诺和拉尼娜也是一个重要原因。有专家研究发现，厄尔尼诺不仅影响赤道东、西太平洋沿岸国家的旱涝灾害，而且对我国内陆地区的旱涝灾害也有显著影响，如在厄尔尼诺期间，我国青海东部、甘肃东部、宁夏大部和陕北3—9月的降水量明显偏少，中心偏少达85%以上，西北历史上几次区域性大旱基本上都出现在连续发生厄尔尼诺的年份中。

2.4.8.4　灾害防御

(1)节约用水，保护环境，减少水源污染。

(2)兴修水利，保持水土。

(3)农业生产上采用滴灌等节水灌溉措施，减少漫灌。

(4)地面覆盖，用薄膜、稻草等覆盖地面，减少土壤水分蒸发。

(5)开展人工增雨作业，合理开发利用空中水资源。

2.4.9　雷电

2.4.9.1　含义

雷电是发生在大气层中的声、光、电物理现象，通常在雷雨云(积雨云)情况下出现,按其发生位置可分为云内闪电、云际闪电、云地闪电,其中云地闪电又称为地闪,对人类活动和生命安全有较大威胁。放电时会产生大量的热量,使周围空气急剧膨胀,产生隆隆雷声。

图 2.9 雷电

2.4.9.2 *危害*

雷电的形式一般有直接雷击和间接雷击。直接雷击(包括雷电直击、雷电侧击)是指在雷电活动区内,雷电直接通过人体、建筑物、设备等对地放电产生的电击现象。间接雷击指直击雷辐射脉冲的电磁场效应和通过导体传导的雷电流,如以雷电波侵入、雷击反击等形式侵入建筑物内,导致建筑物、设备或人身伤亡的电击现象。在电闪雷鸣的时候,由于雷电释放的能量巨大,在再加上剧烈的冲击波、剧变的静电场和强烈的电磁波,常常造成人畜伤亡、建筑物损毁、引发火灾以及造成电力通讯计算机系统的瘫痪事故,给国民经济和人民生命财产带来巨大损失。被联合国有关部门列为最严重的十种自然灾害之一,又被中国国家电工委员会称为电子时代的一大公害。典型个例:1989 年 8 月 12 日,山东黄岛油库因雷击造成特大火灾事故,造成 19 人死亡,100 多人受伤,直接经济损失 3540 万元。2004 年 6 月 26 日下午,浙江临海杜桥发生特大雷击事故,造成 17 死、13 伤,事件发生时有 30 多个村民聚集在树下的临时雨棚内躲雨。

2.4.9.3 灾害特点

地域性：一般低纬多于高纬，山区多于平原，平原多于沙漠。我国雷电频数递减的顺序大致为：华南、西南、长江流域、华北和西北。

偏向性：雷击的发生与地质、地物条件有密切关系，地质、地物条件不同，雷击发生率也不同。从地质条件来说，某些地质易被雷电光顾：一是在大片土壤电阻率较大时，局部电阻率小的地方容易受雷击；二是在土壤电阻率突变的地方，最易受雷击，如岩石与土壤、山坡与稻田的交界处；三是岩石山、土山或土壤电阻率较大的山坡，雷击多发生在山脚，山腰次之；四是地下蕴藏有导电矿物（金属矿、盐矿）的地区，也易遭雷击；五是地下水位高的地方、矿泉、小河沟、地下水出口处易遭雷击。从地物条件来说，有些地物不易遭雷击，如竹林等，但有些地易受雷电光顾：一是在空旷地中的孤立建筑物、建筑群中的高耸建筑物易遭雷击；二是排出导电尘埃的厂房及废气管道易遭雷击；三是屋顶为金属结构，地下埋有大量金属管道，大型金属的厂房易遭雷击；四是建筑群中，个别特别潮湿的建筑，如牛马棚、冰库易遭雷击；五是尖屋顶及高耸建筑物如水塔、烟囱、天窗、旗杆等易遭雷击；六是屋旁大树、接收天线、山区输电线易遭雷击。

趋湿性：雷电喜欢向温度高且潮湿的地方放电，热而潮湿的地区比冷而干燥的地区雷击多。所以，河边、湖边、水田等地方易遭雷击。

季节性和时间性：雷电全年的活动主要集中在春末到初秋这段时间，但以夏季为最多；雷电每天的活动时间，大多在午后到上半夜，其中陆地上多在午后到傍晚，海上黑夜多于白天，山谷、盆地多在夜间发生。

突发性：雷电随积雨云的发展而发生，积雨云发展迅速，从烈日当空到乌云密布仅几个小时，甚至几十分钟。

感应雷击越来越严重：随着现代科技的迅速发展，雷击灾害的形式也在发生变化，正从“直击雷害”向“感应雷害”转变。感应雷击主要损坏计算机网络系统、电子、电器设备。近年来，随着计算机和电子、电器设备的广泛应用，感应雷击灾害的频率越来越高。

2.4.9.4　灾害防御

建筑物防雷：在设计建设时应考虑做好雷电防范措施，定期请有资质的专业防雷检测机构检测防雷设施，评估防雷设施是否符合国家规范要求；应设立防雷电灾害责任人，负责防雷安全工作，建立各项防雷电灾害规章制度，落实防雷设施的定期检测，雷雨后的检查和日常维护；建议单位在防雷设施的设计和建设时应根据地质、气象、土地、环境和被保护物的特点，雷电活动规律等因素综合考虑，采用安全可靠、技术先进、经济合理的设计施工；应用技术和质量均符合国家标准的防雷设备、器件，避免使用非标准生产的防雷产品和器件；新增加建设和新增加安装设备前应对防雷系统进行重新设计和建设；雷击发生时应及时向防雷部门上报情况，以便及时处理，避免再次雷击。

个人防雷基本原则一是远离可能遭雷击的物体和场所，二是在室外时设法使自己及其随身携带的物品不要成为雷击的“爱”物。具体措施有：

室内防雷

(1)关闭门窗，尽量不外出。

(2)在室内时切断电源、拔掉天线插头，尽量不使用电器设备，不接听、拨打电话或手机。远离带电设备、金属管道、金属门窗等，不使用带喷头的淋浴器，不要用铁叉收取晒在凉台外的衣服。

(3)室内电源插座保护地线应接地良好。保持室内干燥，不要赤脚站在近窗口的泥地或水泥地上。

室外防雷

(1)在室外，应立即寻找庇护所，如装有避雷针的、钢架的或钢盘混凝土建筑物，作为避雷场所，具有完整金属车厢的车辆也可以利用。如找不到合适的避雷场所时，应采用尽量降低重心和减少人体与地面的接触面积，可蹲下，双脚并拢，手放膝上，身向前屈，千万不要躺在地上、壕沟或土坑里，如披上雨衣，防雷效果更好。

(2)如果在野外，不要站在空旷的高地上和大树下避雨，这里最易受到雷击。不要呆在开阔的水域和小船上；不要站在高树林子的边缘，电线、旗杆的周围和干草堆、帐篷等无避雷设备的高大物体附近，不要靠近铁轨、长金属栏杆和其他庞大的金属物体。在野外的人群，无论是运动的，还是静止的，都应拉开几米的距离，不要挤在一起，不要赤脚行走。

(3)不宜进入旷野孤立的棚屋、岗亭内避雨。不要在水边、海塘及岸边、山坡与田野交界处停留或生产作业。不要进行钓鱼、攀登、游泳、踢足球等户外活动。

(4)不宜骑自行车或开摩托车在雨中狂奔，不宜在旷野撑带金属把的雨伞，扛金属物的器具在雨中行走。

(5)如果公众头发竖起或皮肤发生颤动时，可能要发生雷击了，要立即倒在地上。

(6)雷击导致人体着火时，可用水或厚毯子、外衣等扑灭或就地翻滚或趴在有水的洼地、水池熄灭火焰。电器着火时应立刻切断电源，但是如果电器用具或插头在着火时千万不要用手去碰电器开关，无法切断电源时可用干粉灭火器灭火，不要用水灭火。

2.4.10　冰雹

2.4.10.1　含义

冰雹是一种坚硬的球状、锥状或形状不规 则的固态降水。雹核一般不透明，外面包有透明的冰层，或由透明的冰层与不透明的冰层相间组成。大小差异大，大的直径可达数十毫米，常伴随雷暴出现。

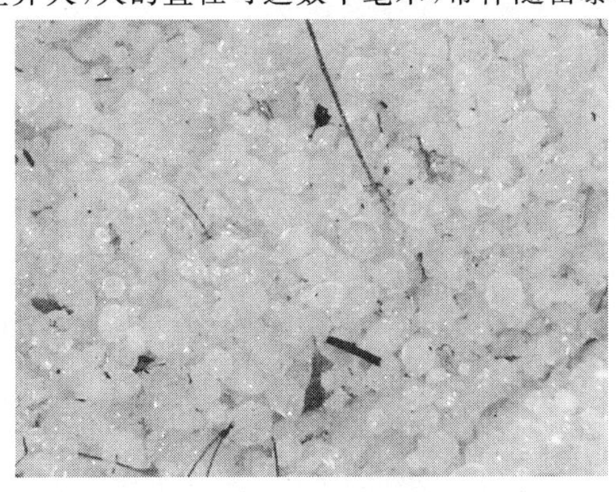

图 2.10　冰雹

2.4.10.2 危害

冰雹是雷雨云中水汽凝华和水滴冻结相结合的产物。雹以雹胚(霰)为核心,外面包有好几层冰壳。雹的密度大致在 0.3～0.9 克/厘米^3,平均为 0.7～0.8 克/厘米^3,大冰雹的降落速度可达每秒 30 米或更大。降雹形成的灾害虽然是局部和短时的,但后果是严重的。降雹会砸坏农作物、果园、房屋和其他设施、设备,致人畜伤亡。如 1997 年 4 月 12 日广东茂名市北部山区出现暴雨和冰雹等灾害,信宜市 14 个乡镇出现 6～7 级阵风,最大冰雹重 15 千克,一般大的如鸡蛋,小如花生米,造成 3 人死亡,倒塌房屋 750 间,被揭房屋瓦面 2 万多间,损失家禽 300 多万只,经济作物受损达 10 多万亩。1997 年 4 月 3 日清新县 10 个镇受冰雹袭击,全县受损房屋 10750 间。高州市 6 个镇受冰雹袭击,损坏房屋 16000 间。

2.4.10.3 灾害特点

范围广、局地性强:我国大部分地区有冰雹灾害,几乎全部的省份都或多或少地有冰雹成灾的记录,受灾的县数接近全国县数的一半,这充分说明了冰雹灾害的分布相当广泛。但每次冰雹的影响范围一般宽约几十米到数千米,长约数百米到十多千米,局地性明显。中国冰雹最多的地区是青藏高原,例如西藏东北部的黑河(那曲)每年平均雹日有 35.9 天(最多年 53 天,最少年也有 23 天);其次是班戈 31.4 天(最多年 48 天,最少年 22 天),申扎 28.0 天(最多年 37 天),安多 27.9 天(最多年 40 天),索县 27.6 天(最多年 44 天),均出现在青藏高原。但南方地区也时有出现。

持续时间短,发生时间具有规律性:总体来说,中国冰雹灾害的时间分布是十分广泛的。尽管一日之内任何时间均有降雹,但是在全国各个地区都有一个相对集中的降雹时段。有关资料分析表明,我国大部分地区降雹时间 70%集中在地方时 13—19 时,以 14—16 时之间为最多。湖南西部、四川盆地、湖北西部一带降雹多集中在夜间,青藏高原上的一些地方多在中午降雹。另外,我国各地降雹也有明显的月份变化,其变化和大气环流的月变化及季风气候特点相一致,降雹区是随着南支急流的北移而北移，而且各个地区降雹的到来要比雨带到来早一个月左右。一般说来，福建、广东、广西、海南、台湾在3—4月，江西、浙江、江苏、上海在3—8月，湖南、贵州、云南一带、新疆的部分地区在4—5月，秦岭、淮河的大部分地区在4—8月，华北地区及西藏部分地区在5—9月，山西、陕西、宁夏等地区在6—8月，广大北方地区在6—7月，青藏高原和其他高山地区在6—9月，为多冰雹月。一次狂风暴雨中降雹时间一般只有2～10分钟，少数在30分钟以上。

此外，冰雹发生的年际变化大，在同一地区，有的年份连续发生多次，有的年份发生次数很少，甚至不发生。受地形因素影响显著，地形越复杂，冰雹越易发生。

2.4.10.4 灾害防御

(1)得知有关冰雹的天气预报，应将牲畜及室外的物品都转移到安全地带。

(2)冰雹来时尽量不要外出，不得已要出门时，应注意保护头、面部。

(3)若冰雹袭来时你正在室外，应马上寻找可以躲避的地方，最好是坚固的建筑物。

(4)若你正在驾驶汽车，或在车内，应立即将车停在可以躲避的地方，切不可贸然前行以免受到不必要的伤害。

(5)有时，冰雹会伴有狂风暴雨，需特别注意预防及躲避。

农业防雹措施

(1)在多雹地带，种植牧草和树木，增加森林面积，改善地貌环境，破坏形成雹云的条件，达到减少雹灾目的；

(2)增种抗雹和恢复能力强的农作物；

(3)成熟的作物及时抢收；

(4)多雹灾地区降雹季节，农民下地随身携带防雹工具，如竹篮、柳条筐等，以减少人身伤亡。

人工防雹

目前，我国已有许多省建立了长期人工防雹试验点，并进行了严谨的试验，取得了不少有价值的科研成果。开展人工防雹，使雹云向人们期望的方向发展,达到减轻灾害的目的。人工防雹主要措施有:用火箭、高炮或飞机直接把碘化银等催化剂送到云里去;在地面上把碘化银等催化剂在积雨云形成以前送到自由大气里,让这些物质在雹云里起雹胚作用,使雹胚增多,冰雹变小;在地面上向雹云发射火箭、打高炮,或在飞机上对雹云投放或发射炮弹,以播撒人工冰核和破坏对雹云的水分输送;用火箭、高炮向暖云部分播撒凝结核,使云形成降水,以减少云中的水分;在冷云部分播撒冰核,以抑制雹胚增长。

2.4.11 霜冻

2.4.11.1 含义

霜冻在秋、冬、春三季都会出现。霜冻是指空气温度突然下降,地表温度骤降到0℃以下,使农作物受到损害,甚至死亡。它与霜不同,霜是近地面空气中的水汽达到饱和,并且地面温度多数情况下低于0℃,在物体上直接凝华而成的白色冰晶,有霜冻时并不一定有霜。每年秋季第一次出现的霜冻叫初霜冻,翌年春季最后一次出现的霜冻叫终霜冻,初终霜冻对农作物的影响都较大。

霜冻一般分为三种类型。由北方强冷空气入侵酿成的霜冻,常见于长江以北的早春和晚秋,以及华南和西南的冬季,北方群众称之为"风霜",气象学上叫做"平流霜冻"。在晴朗无风的夜晚,地面因强烈辐射散热而出现低温,群众称之为"晴霜"或"静霜",气象学上叫做辐射霜冻。先因北方强冷空气入侵,气温急降,风停后夜间晴朗,辐射散热强烈,气温再度下降,造成霜冻,这种霜冻称为混合霜冻或平流辐射霜冻,也是最为常见的一种霜冻。一旦发生这种霜冻,往往降温剧烈,空气干冷,很容易使农作物和园林植物枯萎死亡。所以这类霜冻应特别引起注意,以免造成严重的经济损失。

2.4.11.2 危害

作物内部都是由许许多多的细胞组成的,作物内部细胞与细胞之间的水分,当温度降到0℃以下时就开始结冰,从物理学中得知,物体结冰时,体积要膨胀。因此当细胞之间的冰粒增大时,细胞就会受到压缩，细胞内部的水分被迫向外渗透出来，细胞失掉过多的水分，它内部原来的胶状物就逐渐凝固起来，特别是在严寒霜冻以后，气温又突然回升，则作物渗出来的水分很快变成水汽散失掉，细胞失去的水分没法复原，作物便会死去。

2.4.11.3 灾害特点

全国各地都有可能出现霜冻．一般多出现在秋末和春初季节。但各地的霜冻日数有较大差异．东北地区出现霜冻日数较多，年平均有140天以上，而南方广州、南宁、海南、福州、台湾出现较少，年平均只有几天，有的地方甚至一年不出现霜冻。

2.4.11.4 灾害防御

防御霜冻造成农业灾害的措施有各种各样的方法．如：选择适宜种植地区，营造防护林、选用作物品种等。人工防霜冻是人们主动采取措施，改变易于形成霜冻的温度条件，保护农作物不受其害。

(1)选种耐寒作物和品种，培育抗寒高产品种；

(2)促进抗寒锻炼，培育壮苗，提高植物抗寒力；

(3)选择背风向阳避冻地形，营造防护林和风障；

(4)采取暂时改善局部区域小气候的措施；

(5)喷洒抑制冰核活性细菌剂，降低冰点；

(6)合理安排播栽期，使敏感期避开霜冻；

(7)加强田间管理，如使用暖房、阳畦等进行育苗及栽培作物，促使作物提前成熟；

(8)根据气候预测，选择适宜的播种期及早熟品种，避过霜冻危害时期；

(9)参照农业气候区划，合理进行农业布局，根据作物种类选择适宜的种植地点，以避开霜冻。

物理防御霜冻方法

(1)灌溉法：在霜冻发生的前一天灌水，保温效果较好；

(2)熏烟法：即燃烧柴草等发烟物体，在作物上面形成烟幕，使空气降温慢，并能提高株间温度。一般熏烟能达到增温0.5～2.0℃的效果。

(3)覆盖法：即用草帘、席子、草灰、尼龙布、作物秸秆、纸张等覆盖，或用土覆盖，可使地面热量不易散失。

农作遭受霜冻补救办法

(1)如受害严重，尽快重新改种；

(2)如受害不重，可通过水肥管理促进分蘖、新芽长出，减轻冻害；

(3)对已经成熟的蔬菜瓜果，应及时采收，避免冻坏。

2.4.12　雾

2.4.12.1　含义

当近地面空气中的水汽达到饱和状态时，水汽凝结为小水滴悬浮在低空形成雾，这种雾会降低能见度，若能见度减小到 1 千米以下，气象上称为雾，能见度低于 500 米时称为浓雾，能见度低于 50 米时称为强浓雾。

(a)

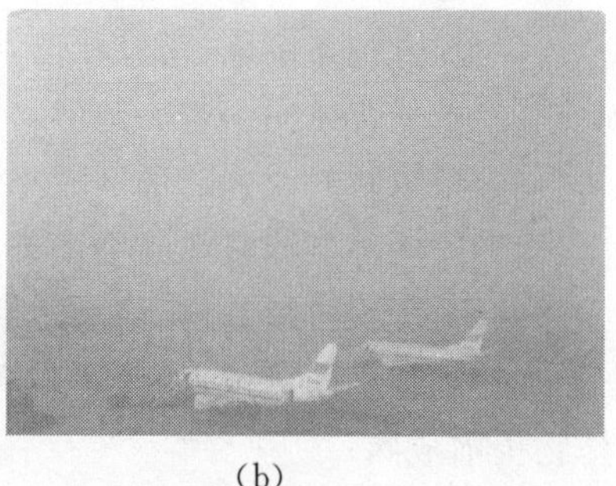

(b)

图 2.11　浓雾影响汽车出行(a)和飞机起落(b)

(引自郭恩铭，2008)

2.4.12.2　危害

浓雾不像风雨雷电那样惊心动魄，而是以“温柔杀手”的形式危害人民生命财产。浓雾造成灾害，主要是在影响交通、影响供电、影响人体健康 3 个方面。雾多出现在春季或秋季，浓雾对交通影响很大，飞机不能起飞和着落，高速公路上行驶的汽车，湖面和海面航行的船舶等都可能因雾天能见度差引起交通事故，造成人员伤亡和经济损失；另外，雾层中含有一些污染物，呼吸后对人体健康也不利；雾对农业生产的危害表现在连续数天浓雾，农作物缺乏光照，影响作物生长和病害发生，如小麦抽穗时遇上连续3天以上的浓雾就容易引起赤霉病；也会诱发其他灾害。例如：1996年12月27—31日，上海连续出现5天浓雾，虹桥国际机场9次关闭，共有642个航班不能正常起降，6万多旅客滞留机场，善后费用至少1000万元。2001年2月22日，辽沈地区因浓雾影响，引发“污闪”，造成大面积停电事故，沈阳全市9区4县12个220千伏变电所只剩2个还部分供电，只有3路电源能正常往外输送电力。其罪魁祸首就是浓雾，浓雾中持续了12小时，使供电线路绝缘设备上的污染物过多，电解质（酸、碱、盐类等）浓度太高，导致空气导电率剧增引起短路，使沈阳市电网遭受50多年以来最严重的创伤，全市停电面积达70%，停电时间长达23个小时（这种因浓雾引发的停电现象称为“污闪”）。2007年2月26日浙江省全省性浓雾，境内部分高速公路封道，330国道浙江武义路段因浓雾发生一起十多辆汽车连环相撞事故，共造成40多人受伤。

2.4.12.3 灾害特点

季节性：我国大部分地区的雾害冬半年多于夏半年，也有少部分地区例外，如大连、成山头等地夏半年多于冬半年。主要是因地理条件不同而有差异，内陆地区以秋冬两季最多，内陆城市主要出现在冬季，沿海城市则以春、夏季最多。

日较差性：雾灾在早晨至上午发生概率比较高，日变化比较明显，尤其是辐射雾，大多数在夜间开始生成并发展，清晨最强，有时在日出后1小时之内，雾中温度还会继续下降，再加上地面蒸发及微弱的湍流交换，雾会更浓，然后随着太阳辐射的增强，雾才逐渐暴露出来，成为慢性“温柔”杀手。

持续性：在天气形势比较稳定的条件下，浓雾天气的出现往往有持续性，有时连续三四个早晨甚至七八个早晨都会大雾弥漫，如遇平流雾，即使到下午也难以消散。所以，引发的事故也可能持续不断。

2.4.12.4 浓雾灾害的防御

(1)减少外出,必须外出时尽量戴口罩。有晨雾时不要开窗。

(2)不要进行室外活动和露天集会。

(3)穿越马路要看清来往车辆,遇轮渡等停航时不要拥挤在渡口。

(4)减少开车外出,必须开车时打开前后雾灯,如没有雾灯可开近光灯,但别开远光灯。控制车速,与前车保持足够制动距离,慢速行驶,切忌开快车,勤按喇叭警告行人和车辆。紧盯前方,勿忘方向,及时除去挡风玻璃上的雾水,在雾中停车时,要紧靠路边,最好开到道路以外,打开雾灯,不要坐在车里。

(5)船只慢速航行,严格执行瞭望制度。

2.4.13 霾

2.4.13.1 含义

霾是大量极细微的干尘粒等均匀地悬浮在大气中,使水平有效能见度小于10千米的空气普遍浑浊现象。霾使远处光亮物体微带黄、红色,使黑暗物体微带蓝色,这是霾质点产生的光学效应所致。霾是一种大气现象,称为尘象,直接影响能见度。

霾与雾的区别在于霾是由大量极细微的干尘粒组成的,而雾是由大量微小水滴(或冰晶)悬浮在空中形成的,是近地面层空气中水汽凝结的产物。发生霾时相对湿度不大,而雾中的相对湿度是近饱和的;霾的厚度比较厚,可达1~3千米左右;而雾的厚度最大只有几百米。

2.4.13.2 危害

霾的形成与污染物的排放密切相关,城市中机动车尾气以及其他烟尘排放源排出粒径在微米级的细小颗粒物,停留在大气中,当逆温、静风等不利于扩散的天气出现时,就形成霾。

霾导致空气浑浊,能见度低,对城市和都市人的危害越来越大。

影响身体健康:霾的组成成分非常复杂,包括数百种大气化学颗粒物质。其中有害健康的主要是直径小于10微米的气溶胶粒子,如矿物颗粒物、海盐、硫酸盐、硝酸盐、有机气溶胶粒子、燃烧灰烬和汽车废气等，它能直接进入并黏附在人体呼吸道和肺叶中。尤其是亚微米粒子会分别沉积于上、下呼吸道和肺泡中，引起鼻炎、支气管炎等病症，长期处于这种环境还会诱发肺癌。霾天气还可导致近地层紫外线的减弱，易使空气中的传染性病菌的活性增强，传染病增多。

影响心理健康：阴沉的霾天气容易让人产生悲观情绪，使人精神郁闷，遇到不顺心的事情甚至容易失控。

影响交通安全：出现霾天气时，视野能见度低，空气质量差，容易引起交通阻塞，发生交通事故。

2.4.13.3　霾灾害的防御

(1)减少不必要的户外活动，外出最好戴上口罩；

(2)抵抗力弱的老人、儿童及患有呼吸系统疾病的易感人群尽量少出门；

(3)适度减少运动量与运动强度。

2.4.14　道路结冰

2.4.14.1　含义

地面温度降为0℃以下道路上出现的结冰现象称为道路结冰。

2.4.14.2　危害

出现道路结冰时，由于车轮与路面的摩擦作用大大降低，车轮容易打滑，刹车失控，造成交通事故。行人容易滑倒，造成摔伤。2007年3月4日，吉林省出现了自1951年以来罕见的暴风雪天气。由于此次降雪发生在冬末春初，多数地方的降雪为湿雪，而后又出现了寒潮降温天气，致使全省出现了大范围的道路结冰灾害。全省6条主要高速公路全线关闭，城市交通部分中断，列车晚点或停发，长春龙嘉国际机场被迫关闭14个小时。

2.4.14.3　灾害的防御

(1)司机应注意路况，采取防滑措施，小心驾驶；

(2)行人出门要穿软底或防滑鞋，当心路滑跌倒；

(3)注意防寒保暖，老、弱、病、幼人群尽量不要外出；

图 2.12　2008 年 12 月 9 日山东省威海市道路结冰严重车辆行驶困难
（引自中国天气网）

(4)最好不要骑自行车出行；

(5)中小学生不要在结冰的操场或空地上活动；

(6)机动车要减速慢行，不要急刹车或猛转弯，一定要服从交警的指挥疏导。

2.4.15　雨凇（俗称冻雨）

2.4.15.1　含义

天上的水滴掉下来，落在电线、物体和地面上，马上结成透明或半透明的冰层，使电线变成粗粗的冰棍，使地面积起了厚厚的冰层，这就叫雨凇，有的地方叫冰凌。我国南方一些地区把雨凇又叫做“下冰凌”，北方地区称它为“地油子”。我国出现雨凇较多的地区是贵州省，其次是湖南、江西、湖北、河南、安徽、江苏及山东、河北、陕西、甘肃、辽宁南部等地，其中山区比平原多，高山最多。

2.4.15.2　危害

雨凇（冻雨）会使路面覆冰，铁路、公路、航空等交通运输因此陷入停顿；冻雨落在屋顶以及各种裸露的户外公共设施上，公共设施因为承载过重而倒塌。特别值得一提的是冻雨严重威胁着电网设施，当冻雨附在输电铁塔和输电线路上结冰时，电线因负载超过设计标准而拉断；另外，附在电线上的冰面使得电线在风力作用下"迎风舞动"，很容易拉倒铁塔进而造成供电中断，一旦供电不畅，就会引发一系列连锁反应，如果发生事故的电塔在山区，维修起来极其不便。大田结冰，会冻断返青的冬麦，或冻死早春播种的作物幼苗。另外，冻雨还能大面积地破坏幼林、冻伤果树等。1972 年 2 月底，我国出现一次大范围的冻雨，广州、长沙、南京、昆明、重庆、成都、贵阳等地至北京的电信一度中断，造成的经济损失极其严重。1986 年 4 月 19 日，辽源降了一场雨夹雪，过程降水量为 26.2 毫米，电线积冰厚度达 10 厘米。邮电通信线路被压断多处，造成几个乡镇电话中断 3～4 天；供电局 66 千伏电路停电 3 分钟，1000 伏变压器损毁 1 台，220 伏低压线断 4 处，接户线断 45 处；农电局 104 千伏高压线断 21 处，220 伏/380 伏线断 45 处，接护线断 102 处。经济损失 10 万多元。2008 年 1 月 10 日，中国南部和中部 19 个省普降大暴雨和大暴雪，持续时间长达 20 多天，低温、雨雪和冰冻的共同交织，造成了中国 50 年以来最严重的冰雪冻雨灾害，据统计，其中一大部分损失由冻雨造成。

2.4.15.3　特点

区域性：南方较北方多，潮湿地区较干旱地区多，山区比平原多，而以高山最多，差不多年雨凇日数在 20～30 天以上，而平原地区绝大多数台站在 5 天左右以下。

季节性：冬季严寒的北方地区以较温暖的春秋季节为多，如安图长白山天池气象站最多月份是 5 月，平均出现 7.5 天，其次在 9 月，平均雨凇日 4.7 天，冬季 12 月至翌年 3 月因气温太低没有出现过冻雨。而南方则以较冷的冬季为多，如峨眉山气象站 12 月雨凇日数平均多达 25.8 天，1 月份也达到 25.4 天，甚至有的年份 12 月、1 月和 3 月都曾出现过天天有雨凇的情况。

2.4.15.4　防御措施

(1)电力、电信、市政等部门要加强对设施巡视，做好抢修准备，积极应对突发事件。

(2)发现电线初次覆冰时,电力、电信等部门应立刻组织专业人员敲除。

(3)行人要远离高压铁塔、输电线杆等,以防倒塔、倒杆造成伤害。

(4)电力线路覆冰融化时,要注意可能出现的“冰闪”放电现象。

(5)当电线上挂满沉重冰凌开始融化时,在出现大风的情况下,线路产生的“共振”效应足以拉倒几十吨的钢制塔架,因此电力部门要警惕输变设备二次损坏。

(6)农林作物、苗木上出现覆冰时应组织人员及时去除。

2.5 气象灾害防御中的主动防御和被动防御

在历史发展的长河中,在相当一段时间内,限于当时生产力水平的局限,人们对气象灾害的认识还是肤浅的,往往是在灾害来临时,或是“匆忙迎战”,或是被动挨打,但终因难有回天之力,使得生命财产受到很大损失,这种情况甚至在近代还时有发生。

事实上,各种气象灾害都是由不同的天气现象造成的。在形成气象灾害之前,这些天气现象都有一个孕育和发生发展过程,如风、雨、气温等超过一定的临界值就会发生灾害。在发生灾害之前一般都会有前兆出现。做好灾害趋势预报,能够有效提高气象灾害防御的科学性和时效性。由于气象灾害时空分布不均匀、灾害损失重,大大增加了灾害防御的难度。即使是在如今天气预报技术较高的今天,也有可能会出现民众在收到政府防御指令时,气象灾害已经来临的情况。这时临时采取措施可能已错过灾害防御的最佳时机。因此,制定有针对性的防灾措施,抓住防灾避灾的有利时机,变被动防御为主动防御,就要做好以下两个方面:

一是做好气象防灾减灾科普知识的宣传和普及,提高基层群众的灾害防范意识和防灾避险自救能力,变被动防御为主动防御,提高社会民众特别是广大农村群众的灾害防御水平。为此,就要做好灾害风险区划研究,加大气象防灾减灾科普知识的宣传力度。

要进一步加强气象灾害风险评估工作。根据当地地理环境和气象灾害特点,逐步建立气象灾害风险区划,有针对性地制定和完善防灾减灾措施。各级政府要通过宣传和舆论引导,使民众在面临可能发生的灾害时,能够提前主动采取灾害防御措施,积极配合政府组织的灾害防御工作,有效减少灾害损失。

二是建立健全气象灾害防御体系,充分发挥气象信息员的桥梁纽带作用。要进一步建立健全“政府主导、部门联动、社会参与”的气象灾害防御体系,把各级政府组织防御和社会公众主动科学防范有机结合起来。针对基层气象灾害防御实际,深入广大基层建立气象信息员队伍(应急联系人员),提高气象灾害防御应急响应的联动性和防灾减灾效果。要求气象信息员熟悉当地气象灾害重点防御区域,按职责做好气象灾害预警信息传播,灾情、险情和灾害性天气信息的报告,积极协助当地政府做好气象灾害应急防御的组织工作,充分发挥气象信息员在基层防灾减灾中的重要作用,切实做到规避灾害风险,减轻灾害损失。

2.6 逃生和救护常识

2.6.1 紧急医疗救护常识

如何开展急救:现场处理的首要任务是抢救生命、减少伤员痛苦、减少和预防伤情加重及发生并发症,正确而迅速地把伤病员转送到医院。

急救步骤

(1)报警

一旦发生人员伤亡,不要惊慌失措,马上拨打120急救电话报警。

(2)对伤病员进行必要的现场处理

迅速排除致命和致伤因素。如搬开压在身上的重物,撤离中毒现场,如果是意外触电,应立即切断电源;清除伤病员口鼻内的泥沙、呕吐物、血块或其他异物,保持呼吸道通畅等。

检查伤员的生命特征。检查伤病员呼吸、心跳、脉搏情况。如无呼吸或心跳停止,应就地立刻开展心肺复苏。

止血。有创伤出血者,应迅速包扎止血。止血材料宜就地取材,可用加压包扎、上止血带或指压止血等。然后将伤病员尽快送往医院。

如有腹腔脏器脱出或颅脑组织膨出,可用干净毛巾、软布料或搪瓷碗等加以保护。

有骨折者用木板等临时固定。

神志不清者,未明了病因前,注意心跳、呼吸、两侧瞳孔大小。有舌后坠者,应将舌头拉出或用别针穿刺固定在口外,防止窒息。

(3)迅速而正确地转运伤病员

按不同的伤情和病情,按病情的轻重缓急选择适当的工具进行转运。运送途中应随时关注伤病员的病情变化。

受伤简易处理办法

(1)出血:可以把身上的衣服撕成布片,对出血的伤口进行局部加压止血。

(2)骨折:现场可以找块小夹板、树枝等物,对患肢进行包扎固定。

(3)头部创伤:把伤者的头偏向一边,不要仰着,因为这样会引起呕吐,极易造成伤者窒息。

(4)腹部创伤:将干净容器扣在腹壁伤处,防止发生腹腔感染。

(5)呼吸心跳停止:及时对伤者进行口对口的人工呼吸,并进行简单的胸外按压。

2.6.2 中暑急救

(1)迅速将病人转移到阴凉、通风的地方,解开衣扣,平躺休息。

(2)用冷毛巾敷头部,并擦身降温。

(3)喝一些淡盐水或清凉饮料,清醒者也可服用人丹、绿豆汤等。

(4)昏迷者可用手指掐人中穴、内关穴及合谷穴等,同时立即送医院救治。

图 2.13 中暑的自救

2.6.3 被雷击中后救护

某人被雷击中后,人们往往会认为他的身上还有电,不敢上前抢救。其实这种观念是错误的,遭受雷击的人可能已经受伤或者休克,但是他们身上并不带电。遭遇雷击后,抢救及时还是有可能将伤者救活的。有时即使感觉不到受害者的呼吸和脉搏,也不一定意味着受害者已经死亡。如果能及时抢救,往往还能挽救一条生命。

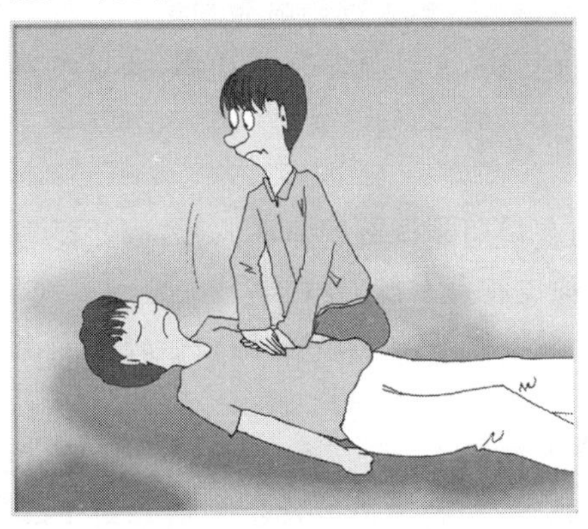

图 2.14 人被雷击后的救护

（1）如果受害者衣服着火，马上让他躺下，以防止火焰烧伤面部。可以往受害者身上泼水，或者用厚的衣物、毯子把伤者裹住。

（2）对停止呼吸者及时进行人工呼吸。雷击后进行人工呼吸的时间越早，越容易抢救。

（3）对心脏停止跳动的受害者进行心脏按摩。如果能在4分钟内以心肺复苏法进行抢救，让心脏恢复跳动，就有可能救活受伤者。

（4）如果一群人被雷电击中，那些能发出呻吟的人不要紧，应先抢救那些已经晕厥的人。

2.6.4 在冰天雪地中遇险的生存术

被困在冰天雪地中该怎么办？首先要学会建造防风御寒的雪屋。最简单可行的办法是在地上摊上大片的树枝，然后往上铺雪并压实，最好在树枝外层放上一层兽皮或帆布，雪铺好压实，1小时后拆去树枝，雪屋即告落成。一般来说，一旦遇上了风暴而暂时又得不到营救，就应立即搭成这种简单的避险所。在雪屋内适当烤火取暖是可以的，但必须防止一氧化碳中毒。在严寒地带还要特别注意防止冻伤，要保持四肢的干燥，涂上油脂，比如动物的脂肪，这是最有效的办法。千万不可用雪、酒精、煤油或汽油擦冻伤了的肢体，按摩同样有害。另外切记，雪吃得越多越渴，由于雪水中缺少矿物质，因而即使是烧开了喝，也会引起腹胀或腹泻。但用雪水做菜汤则另当别论。还有一个解决饥饿的可行的办法就是捕捉动物，尤其是冬眠的动物，捕捉较为容易。

2.6.5 冻伤及其救护

（1）局部冻伤在初期并没有明显的感觉，因此要密切观察容易冻伤的部位。如果发现皮肤有发红、发白、发凉、发硬等现象，应用手或干燥的绒布摩擦伤处，促进血液循环，减轻冻伤。轻度冻伤用辣椒泡酒涂擦便可见效。

（2）为了防止冻伤，要多多活动，容易冻伤的地方更要注意。不时地活动活动面部肌肉，如做皱眉、挤眼、咧嘴等动作，可以用手揉搓面、耳、鼻等部位。

(3)特别注意鞋袜的干燥,出汗多时应及时更换或烘干,因为在潮湿的情况下最易冻伤。

(4)冻伤的手脚,如有条件可放在40℃左右的水中浸泡。水温太低时效果不好,超过49℃时易造成烫伤。禁止把患部直接泡入热水中或用火烤,这样会使冻伤加重。可以在冻伤的部位涂上獾油等药物。

(5)发现严重冻伤的人,应该及时将其转移到温暖干燥的地方。轻轻脱下伤处的衣物,摘下患者的戒指、手表等束缚物。可以对冻伤的地方进行轻轻地摩擦,以促进血液循环,使温度尽快恢复。

(6)全身冻伤的人会昏昏欲睡,一定要想办法使其保持清醒,因为睡着了会使体温更低,有可能导致死亡。

(7)可以将全身冻伤的人放在38～42℃的水中。搬运伤员时要小心,以免损伤僵直的身体。如果衣服已经冻结在伤员身上,不要强行脱下,以免损伤皮肤。可以连同衣物一起浸在温水中,解冻后再取下。

3 次生气象灾害及其防御措施

气候作为一种自然资源对人类生产和生活有着重要的作用，但同时，大气也对人类的生命财产和经济建设以及国防建设等造成了直接或间接的损害，我们称之为气象灾害。气象灾害，按照发生的因果关系可以划分为原生灾害、次生灾害和衍生灾害。在灾害发生过程中由原生灾害诱导出的灾害称之为次生灾害。自然灾害破坏人类生存条件后而在灾后诱发的一系列灾害称之为衍生灾害。如台风来临时，由于强降水导致农田受淹、人员伤亡、设施破坏，为原生灾害；但由于台风带来的强降水引起的泥石流、山洪暴发等就称之为次生灾害。又如，某地长时间的出现晴好天气，温高雨少，气候干燥，出现的干旱称之为原生灾害；但由于天干物燥引发的森林火灾就称之为次生灾害。

3.1 地质灾害

3.1.1 地质灾害定义

地质灾害是指在自然或者人为因素的作用下形成的，对人类生命财产、环境造成破坏和损失的地质作用（现象）。地质灾害的主要类型有：地震、崩塌、滑坡、泥石流、水土流失、地面塌陷以及沉降、地裂缝、土地沙漠化、煤岩和瓦斯突出、火山活动等。日常我们所说的地质灾害主要指2003年国务院发布《地质灾害防治条例》第二条规定的，地质灾害包括自然因素或者人为活动引发的危害人民生命和财产安全的山体崩塌、滑坡、泥石流、地面塌陷、地裂缝、地面沉降等与地质作用有关的灾害。考虑地震有相关的法律和行政法规，不予纳入。此定义属法律界定，并非自然科学上的界定。

滑坡：是指斜坡上的岩体由于某种原因在重力的作用下沿着一定的软弱面或软弱带整体向下滑动的现象。

崩塌：是指较陡的斜坡上的岩土体在重力的作用下突然脱离母体崩落、滚动，堆积在坡脚的地质现象。

泥石流：是由于降水（短时间内的暴雨、冰川、积雪融化水）产生在沟谷或山坡上的一种挟带大量泥沙、石块等固体物质条件的特殊洪流。泥石流是山区特有的一种自然现象。

地面塌陷：是指地表岩、土体在自然或人为因素作用下向下陷落，并在地面形成塌陷坑的自然现象。

滑坡发生的前兆：泉水复活；土体上隆；岩石开裂或被剪切挤压的音响；坍塌和松弛；变形发生突变；裂缝急剧扩张；动物异常惊恐、植物正常生长发生变化。

地面塌陷的前兆：泉、井的异常变化；地面变形；建筑物作响、倾斜、开裂；地面积水引起地面冒气泡、水泡、旋流等；植物变态；动物惊恐。

滑坡、崩塌、泥石流三者除了相互区别外，常常还具有相互联系、相互转化和不可分割的密切关系。

滑坡与崩塌的关系：滑坡和崩塌如同孪生姐妹，甚至有着无法分割的联系。它们常常相伴而生，产生于相同的地质构造环境中和相同的地层岩性构造条件下，且有着相同的触发因素，容易产生滑坡的地带也是崩塌的易发区。例如宝成铁路宝鸡—绵阳段，即是滑坡和崩塌多发区。崩塌可转化为滑坡：一个地方长期不断地发生崩塌，其积累的大量崩塌堆积体在一定条件下可生成滑坡；有时崩塌在运动过程中直接转化为滑坡运动，且这种转化是比较常见。有时岩土体的重力运动形式介于崩塌式运动和滑坡式运动之间，以致人们无法区别此运动是崩塌还是滑坡。因此地质科学工作者称此为滑坡式崩塌，或崩塌型滑坡。崩塌、滑坡在一定条件下可互相诱发、互相转化：崩塌体击落在老滑坡体或松散不稳定堆积体上部，在崩塌的重力冲击下，有时可使老滑坡复活或产生新滑坡。滑坡在向下滑动过程中若地形突然变陡，滑体就会由滑动转为坠落，即滑坡转化为崩塌。有时，由于滑坡后缘产生了许多裂缝，因而滑坡发生后其高陡的后壁会不断地发生崩塌。另外，滑坡和崩塌也有着相同的次生灾害和相似的发生前兆。

滑坡、崩塌与泥石流的关系：滑坡、崩塌与泥石流的关系也十分密切，易发生滑坡、崩塌的区域也易发生泥石流，只不过泥石流的爆发多了一项必不可少的水源条件。再者，崩塌和滑坡的物质经常是泥石流的重要固体物质来源。滑坡、崩塌还常常在运动过程中直接转化为泥石流，或者滑坡、崩塌发生一段时间后，其堆积物在一定的水源条件下生成泥石流。即泥石流是滑坡和崩塌的次生灾害。泥石流与滑坡、崩塌有着许多相同的促发因素。

3.1.2 地质灾害的危害

地质灾害的发生常造成人员的伤亡，基础设施和环境资源的毁坏，损失极其严重。根据地质灾害防治条例，按照人员伤亡、经济损失的大小，地质灾害可以划分为四个等级（表 3-1）。

表 3-1 地质灾害危害的等级划分

灾害危害程度分级（括号内为灾情分级）	死亡人数（人）	受威胁人数（人）	直接或可能的经济损失（万元）
一般级（小型）	＜3	≤10	≤100
较大级（中型）	3～10（含 3）	10～100（含 100）	100～500（含 500）
重大级（大型）	10～30（含 10）	100～1000（含 1000）	500～1000（含 1000）
特大级（特大型）	≥30（含 30）	＞1000	＞1000

——危害程度采用受威胁人数和可能的经济损失两个指标评价

——灾情分级采用死亡人数和直接经济损失两个指标评价

——表 3-1 中只要两个指标达到一项，即可作相应的灾情和危害程度判定

3.1.3 地质灾害典型个例分析

1980 年 6 月 3 日，湖北省远安县盐池河磷矿突然发生了一场巨大

的岩石崩塌。山崩时、标高830米的鹰嘴崖部分山体从700米标高处俯冲到500米标高的谷地，在山谷中乱石块挟盖面积，南北长560米，东西宽400米，石块加泥土厚度20米，崩塌堆积的体积共100万立方米。最大的岩块有2700吨重。顷刻之间盐池河上筑起一座高达38米的堤坝。构成一座天然湖泊。乱石块把磷矿区的五层大楼掀倒、掩埋。死亡307人。还毁坏了该矿的设备和财产，损失十分惨重。

图3.1　暴雨引起的山体滑坡，堵塞道路，影响交通

如，2005年9月初，浙江临安特大暴雨引发泥石流。9月3日晚至9月4日凌晨，浙江省临安市昌化镇、龙岗镇、河桥镇、湍口镇等地遭遇特大暴雨，昌化镇总降雨量达到470.4毫米。降水主要集中在夜里19—22时，3小时总降雨量达到415.5毫米，其中19—20时降143.5毫米、20—21时降145.0毫米、21时至22时降127.0毫米。特大暴雨造成泥石流和山体滑坡，10个乡镇、126个村、8.8万人受灾，损坏、倒塌民房206幢，计623间，受淹农田和经济作物3.9万亩，冲毁稻田和经济作物4730亩。期间，因泥石流冲入村庄，造成当地11名农民遇难，1人失踪，直接经济损失3.6亿元。

2008年11月2日凌晨2时，云南省楚雄彝族自治州楚雄市西舍路乡境内发生一起特大泥石流事故。据有关统计，截至11月3日23时，滑坡泥石流灾害导致云南13个县(市、区)78个乡镇，共计41.1万人受灾，因灾死亡22人、失踪45人，受伤1人，紧急转移安置2.6万人。另外，电力、交通、水利、通信、教育、卫生等基础设施遭受不同程度损坏。楚雄州"11.02"特大泥石流灾害造成全州直接经济损失近4亿元。

3.1.4 地质灾害防御措施

地质灾害防治原则　以人为本，以防治突发性地质灾害为重点，以群测群防为主要手段，以改善地质环境，最大限度地减少人员伤亡和财产损失，保障社会稳定，维护人与自然和谐为主要目标，把地质灾害防治与社会经济发展紧密结合起来，促进经济效益、社会效益和环境效益的协调统一；坚持预防为主、避让与治理相结合和全面规划、重点突出的原则，遵循地质灾害发生发展的客观规律，合理布局，综合治理、分步实施，确保地质灾害防治工作取得实效。

地质灾害应如何应急避险　避免受灾对象与致灾作用遭遇。分为主动和被动两种情况，就是指主动的躲避与被动式的撤离。对于处于危险区的工程及人员，所采用的方法是：预防、躲避、撤离、治理，这四个环节每一个都含有很大的防灾减灾的机会。

地质灾害防治的基本方法

(1)崩塌、滑坡防治的基本方法主要是各种加固工程，如支挡、锚固、减载、固化等，并附以各种排水(地表排水、地下排水)工程，其简易防治方法是用黏土填充滑坡体上的裂缝或修地表排水渠。

(2)泥石流灾害防治的基本方法是工程设计和施工中要设置完善的排水系统，避免地表水入渗，对已有塌陷坑进行填堵处理，防止地表水注入。躲避泥石流时，注意向沟岸两侧跑，切勿顺沟向下游跑，也不要停留在凹坡处。

3.2　山洪灾害

3.2.1　山洪灾害定义

山洪灾害是指持续降雨、短时强降雨或水库山塘溃决等汇聚成较大水流，导致溪沟水位暴涨，产生洪水；洪水挟带大量沙石成为泥石流或因降雨导致山体松动滑落，形成山体滑坡。山区，降雨极易引发山体滑坡、泥石流和山洪暴发等山洪灾害，这些灾害会摧毁房屋、公路、田地等，造成人员伤亡和财产损失。山洪灾害与其他自然灾害一样，其致灾因素具有自然和经济社会的双重属性，具体表现为它的形成与发展主要受降雨量及降雨强度、地形地质及人类经济社会活动的影响。

山洪灾害具有以下主要特点：一是突发性强，预测预报难度大；二是来势猛，成灾快，破坏性强；三是季节性强，频率高；四是区域性明显，易发性强；五是范围集中，灾后恢复困难。

3.2.2　山洪灾害的危害

山洪水量大，流速快，常挟带大量石块和泥沙，所到之处冲毁公路桥梁、毁坏村庄建筑等，甚至引起人畜伤亡，造成重大损失。

3.2.3　山洪灾害的典型个例分析

2005年6月10日下午2时许，黑龙江省宁安市沙兰镇沙兰河上游局部地区突降200年一遇的特大暴雨。这次暴雨降水强度大、历时短、雨量集中、成灾快，平均降雨量123.2毫米，高大点降雨量200毫米，引发特大山洪，坡面受到强烈冲刷，大量水土流失，山洪暴发，最高洪峰水位达2米左右。河水漫堤淹没了沙兰镇中心小学和大量民房，受灾最严重的是沙兰镇中心小学，校区最大水深超过2米。当时正有351名学生上课，大批学生来不及逃生，而惨被淹死。此次山洪灾害共造成了117人死亡的重大伤亡事故（其中小学生105人），经济损失达到2亿元以上。

3.2.4 山洪灾害的防御措施

山洪的预防 降暴雨时，要时刻观察房屋周围的溪河水位和山体稳定情况，特别是晚上，要警觉小心，时刻为自身的安全转移做好准备；当观测到有可能引发泥石流、洪水、山体滑坡、水库决堤等预兆时，要通过广播、喊话、鸣锣、电话等向周围可能受威胁的居民和防汛部门传递警报信息；当得知某区域一段时间内将发生山洪时，应对该地区采取紧急疏散和保护措施，人员须强行迁至安全区。

山洪的救护 转移人员应就近、迅速、安全、有序进行，先人员、后财产；先转移老幼病残人员，并事先选好转移路线和地点，大规模地撤离时，要有组织、有秩序。遭遇危险时，应沉着冷静，可利用呼叫、警报、通讯等向外求救；住房被淹时，应转移到屋顶或竹筏等漂浮物上，等待救援或自己伺机转移到较安全地带。当有人被泥石流等袭击时，应尽快将压埋在泥浆或倒塌建筑物中的伤员救出，并清除口、鼻、咽喉内的泥土及痰、血等污物，排除体内的污水；对昏迷的伤员，应使其平躺，头后仰，将舌头牵出，尽量保持呼吸道的畅通；如有外伤应采取止血、包扎、固定等方法处理，然后转送急救。

山洪的防御措施

（1）对山区坡面采取合理的农业耕作措施，改变微地形，增加土壤的吸水能力，减少地表径流。

（2）山区坡度较大的地面采取植树种草，增加地表覆盖物，固土保水。

（3）对山区坡面采取建设梯田梯地防洪工程措施，分散地面径流，增大雨水的入渗量。

（4）在山间溪沟道上横向修建 5 米以下的低坝，防止沟底下切，沟头延伸，拦蓄泥沙；修建较大的拦沙坝，拦蓄山洪泥石流中的固体物质；修排导渠，畅排泥石流，控制泥石流对通过区域的危害；修沉石厂和拦石厂，即利用沟道河路上的荒洼低地建挡墙，配合有利弯道河势，拦截分流，减少山洪泥石流下泄。

3.3 森林草原火灾

3.3.1 森林草原火灾的定义

凡是失去人为控制，在林地或者草地内自由蔓延和扩展，对林草、林草生态系统和人类带来一定危害和损失的林火行为都称之为森林草原火灾。

1988年我国曾经颁布了《森林防火条例》，对预防和扑救森林火灾、保障人民生命财产安全、保护森林资源和维护生态环境等发挥了非常重要的作用。在气候变暖背景下，我国南方地区连续干旱、北方地区暖冬现象明显，森林火灾呈现多发态势，森林防火形势非常严峻。我国对《森林防火条例》进行了修改、完善。2008年11月29日，温家宝总理签署国务院令，公布了修订后的《草原防火条例》，条例自2009年1月1日起施行。2008年12月5日，国务院总理温家宝签署国务院令公布了修订后的《森林防火条例》，自2009年1月1日起施行。

3.3.2 森林草原火灾的危害

森林草原火灾是世界上最严重的自然灾害之一。森林草原火灾是一种突发性强、破坏性大、处置救助较为困难的自然灾害。

全球每年发生森林火灾约20万起，烧毁林园数百万公顷，烧死人员上千。1915年西伯利亚的大火烧毁森林1600万公顷。中国是少森林国家，但森林火灾每年约发生1.6万次，毁林100万余公顷，占整个造林面积的1/3。我国草原面积4亿公顷，约占国土总面积的40%，是世界上草原面积第二大国。据统计，在4亿公顷草原中，草原火灾易发区占1/3，频发区占1/6。

森林草原火灾，特别是严重的森林草原火灾，严重地破坏了生态环境，容易引发水土流失，使气候变恶劣，森林虫害蔓延，珍稀野生动物失去栖息地。

3.3.3 森林草原火灾的等级和发生条件

国务院颁布的《森林防火条例》第二十八条规定，森林火灾分为森林火警、一般森林火灾、重大森林火灾和特大森林火灾四种：

森林火警：受害森林面积不足1公顷或者在其他林地起火的；

一般森林火灾：受害森林面积在1公顷以上不足100公顷的；

重大森林火灾：受害森林面积在100公顷以上不足1000公顷的；

特大森林火灾：受害森林面积在1000公顷以上的。

国务院颁布的《草原防火条例》第二十八条规定，根据受害草原面积、伤亡人数、受灾牲畜数量以及对城乡居民点、重要设施、名胜古迹、自然保护区的威胁程度等，把草原火灾划分为一般、较大、重大、特别重大四个等级，具体划分标准如下：

符合下列条件之一的为一般草原火灾：

(1)超过12小时尚未扑灭的草原火灾；

(2)造成人员重伤的草原火灾；

(3)位于县行政交界地区具有一定危险的草原火灾。

符合下列条件之一的为较重草原火灾：

(1)超过24小时尚未扑灭的草原火灾；

(2)造成人员死亡的草原火灾。

符合下列条件之一的为重大草原火灾：

(1)连续燃烧120小时以上的草原火灾；

(2)受害草原面积2000公顷以上8000公顷以下明火尚未扑灭的草原火灾；

(3)造成3人以上10人以下死亡或伤亡10人以上20人以下的草原火灾；

(4)威胁居民地、重要设施和原始森林的草原火灾；

(5)需要省、市支援扑救的草原火灾。

符合下列条件之一的为特别重大草原火灾：

(1)受害草原面积8000公顷以上明火尚未扑灭的草原火灾；

(2)造成10人以上死亡或伤亡20人以上的草原火灾；

(3)严重威胁或烧毁城镇、居民地、重要设施和原始森林的草原火灾；

(4)需要国家支援扑救的草原火灾。

图 3.2　2008 年 3 月浙江省丽水市莲都区太平乡发生森林大火(何月拍摄)

森林草原火灾发生的必备条件　可燃物质、空气和温度。以上三个因素同时具备,则极易发生森林火灾。若其中有一个因素不具备条件,则不发生森林草原火灾。

乔木、灌木和枯枝落叶等地面覆盖物及表层土壤腐殖质都是可燃物,森林草原中的氧气也很充足,只要有高温就可以引发大火。森林草原在自然温度下不会起火,至少要有 230～300℃高温可燃物质才会燃烧。这样的高温只能来自于林外,因此控制火源是防止森林火灾的关键。

火源　引起森林火灾的火源有天然火源和人为火源。天然火源主要是雷击起火,黑龙江大兴安岭林区雷击占总火源的 38%。全国则只占 1%,但一旦着火损失巨大。此外,泥炭在太阳光的直射下有时发生自燃,岩石滚落碰撞发生火花也可以引发森林火灾,但这种情况都很罕见。

人为火源　是发生森林火灾的主要原因。据统计,我国人为森林火灾占80%以上,世界平均为90%以上。有生产性火源和非生产性火源两种。1984年黑龙江大兴安岭的大火就是生产性火源引起的。生产性火源包括烧荒、烧秸秆、火烧清理采伐工地、烧石灰、烧炭、炕蘑菇、机车喷火、爆破开山采石、机器锯木等;非生产性火源包括吸烟、扔烟头、取暖做饭、火把照明、上坟烧纸、小孩玩火、烟囱跑火等。据1979—1982年8个主要林业省(区)统计,生产性火源占67%,非生产性火源占31.6%,自然火源只占0.6%,国外烧入和有意纵火只占0.8%。

影响森林草原火灾发生的因素　经济发展水平与森林草原火灾的发生有着重要联系。许多发展中国家的农民仍实行刀耕火种。据统计全世界约有3亿人以烧荒为生,每年要烧掉2亿亩森林,到第三年养分耗尽虫草丛生又不得不转移他处再毁林开垦。埃塞俄比亚森林曾占国土一半,到1986年只剩下2.5%,成为世界上森林消失最快的国家,同时也变成了干旱和饥荒最严重的国家。

森林草原火灾发生与气象条件的关系　森林草原火灾大多发生在旱季,我国以春秋冬三季为主。北方春季因干旱少雨多风,气温回升快,空气干燥,火灾最严重和频繁。影响森林草原火灾的气象要素包括降水、湿度、温度、风速和雷击等。

(1)降水。影响可燃物的含水量和林分物质的燃烧性。5毫米以上降水后3～5日内一般不会发生火灾,也可降低已发生火灾的火势。降雪可覆盖可燃物,增加湿度,一般在积雪融化前不会发生火灾。年降水量超过1500毫米的地区或月降水量超过100毫米时一般不会发生或很少发生森林火灾。

(2)湿度。是火险预报的重要指标。黑龙江大兴安岭林区通常在相对湿度75%以上不会发生火灾,55%～75%可能发生火灾,30%～55%可能发生大火灾,30%以下可能发生特大火灾。

(3)温度。高温加速水分蒸发和使可燃物接近燃点。我国林区在气温－10～15℃期间容易发生森林火灾,15℃以上因树木转绿含水量增加不易着火。

(4)风速。可补充氧气促进可燃物干燥助长火势。黑龙江大兴安岭林区近15年80%以上大火灾和特大火灾都发生在5级以上大风天气中。

(5)雷击。多发生在地势较高、人烟稀少的边远原始森林,高纬度地区多于低纬度地区。我国黑龙江大兴安岭林区的雷击起火为最多。

3.3.4 森林草原火险天气等级

森林火险天气等级的划分是根据林业部1995年6月22日发布的《全国森林火险天气等级》行业标准(LYT1172—95)进行划分的。该标准共考虑了5个影响火险的气象要素,即森林防火期内每日最高空气温度;森林防火期内每日最小相对湿度;森林防火期内每日前期或当日的降水量及其后的连续无降水日数;森林防火期内每日的最大风力等级;森林防火期内生物及非生物物候季节的影响订正指数。用以上五点得出的数值与森林火险天气等级标准值进行比较得出森林火险天气等级。

森林火险天气等级共划分为5级,划分标准为:

1级不燃　可燃性:不燃烧,无火险。防火措施:一般不会发生火灾,可以安心生产。

2级不易燃　可燃性:难燃烧,低度火险。防火措施:很少发生火灾,茂密森林注意防火。

3级可燃　可燃性:可燃烧,中度火险。防火措施:危险程度中等,限制火种进入森林,生产用火应注意采取安全措施,禁止其他野外用火。

4级易燃　可燃性:易燃烧,高度火险。防火措施:高度危险,禁止火种进入森林,巡山检查,做好防火准备,准备灭火。

5级极易燃　可燃性:强燃烧,极度火险。防火措施:最危险,严禁一切火种进入森林,加强巡山检查,做好充分防火准备,灭火队伍随时准备灭火。

3.3.5 森林草原典型个例分析

1950年以来,我国年均发生森林火灾1.3万起,受害森林面积65.3万公顷,因灾伤亡580人。其中1988年以前,全国年均发生森林火灾1.6万起，受害森林面积94.7万公顷，因灾伤亡788人(其中受伤678人，死亡110人)。1988年以后，全国年均发生森林火灾0.8万起，受害森林面积9.4万公顷，因灾伤亡195人(其中受伤142人，死亡54人)，分别下降52.2%、90.1%和75.3%。

大兴安岭"5.6"特大森林火灾。1987年5月6日，黑龙江省大兴安岭漠河县古莲林场区内的清林工人违反森林防火规定，野外吸烟，使割灌机喷火，从而引起森林大火，人们习惯称为"5.6"特大森林火灾。这场火灾由5.8万多名军、警、民，经过28个昼夜的奋力扑救，于6月2日彻底扑灭。火场总面积1.7万平方千米(包括境外部分)，境内森林受害面积114万公顷，其中有林地受害面积70%。森林覆被率由原来的76%降为61.5%，大量的中幼林被烧死，荒山秃岭到处可见。境内烧毁房屋达63.65万平方米，烧毁国家贮存木材85.5万立方米，各种机械设备达2488台、粮食650万千克、铁路专用线17千米。此次火灾，造成439人伤亡，5.6万多人的家园被毁，直接损失达5亿多元。

3.3.6 森林草原防御措施

森林草原火灾的预防：

(1)做好宣传，健全法规，依法护林防火。在防火期间严格控制进山人员，在林区生产要严格遵守操作规程。火险高峰期严格禁止野外用火。

(2)健全各级防火结构，建立专业扑火队伍，改进森林草原消防设备和机具。

(3)加强森林草原火灾的监测预报是争取防火主动权的关键。森林草原防火期的划分以气候条件为依据。如，黑龙江大兴安岭林区，在日平均气温稳定通过－5℃为春季防火期，通过15℃为春季防火终期；秋季则分为日平均气温稳定通过－2℃和－5℃，因－2℃时草木枯黄，－5℃时开始形成稳定积雪。

(4)在森林草原布局中要按照规划开设防火隔离带，隔一定距离种植含水量大不易燃烧的树种作为防火林带。

森林草原火灾的扑救原则：

(1)集中力量彻底扑灭。

(2)抓住有利时机。如火灾初起,下雨、有雾、无风等。

(3)牺牲局部,保全大局。

(4)彻底清理火场,防止死灰复燃。

森林草原火灾的灭火方法:

第一,直接灭火法。包括:

(1)扑灭。用树枝或扫帚,适于在火势较小时。

(2)水灭法。用消防车、飞机或水泵喷洒灭火。

(3)风力灭火。可吹散可燃物,降低其温度,适于余火、暗火的扑灭。

(4)化学扑灭。磷酸铵、氧化钙等遇火可产生粘膜覆盖可燃物。

第二,间接灭火法。即以火灭火,在火灾外围打防火隔离带,将地面上可燃物全部去除,以小路为依托。逆火的来向点火,使火向火区蔓延,待两火头相遇即可自动熄灭。这一方法简便高效,但有一定的危险性,要掌握好点火的分寸,赶在头火之前完成,否则会人为加重火灾。

第三,爆破法。兼有直接和间接灭火作用,可将土抛到可燃物上,产生强气流,爆炸时还能吸收大量氧气。可事先埋设或制成灭火弹投掷。

扑救人员注意事项　上火场要配戴安全防护装备,按照统一指挥行动,沿着火区外围边线作业,选择火势弱处为突破口。撤退时要沿已灭火线返回,避开顺风火,宿营时打好安全防火线。被火包围时应尽快在附近烧出一块空地进入,或可选择附件土坑、河滩,将衣服打湿蒙头卧倒。

森林草原火灾扑灭后的善后和恢复:

(1)彻底清理现场,消除火种,防止复燃。

(2)调查起火原因和损失,总结经验教训,对责任人依法处置。

(3)对受害群众进行安置救助,组织重建家园,恢复生产。

(4)抢运可利用的火烧木,暂时运不出去的就地加工或喷防腐剂后堆放。

(5)根据火灾程度和不同土地条件,制定恢复计划。我国火灾迹地的更新造林分为三种情况：林木死亡70%～100%的严重过火地区，将全部火烧木伐除，再全面造林。死亡31%～69%的中等过火地区，采伐死亡林木后人工补植或促进天然更新。烧毁10%～30%的轻度过火林地以天然更新为主。火灾面积大交通不便林区可用飞机撒播树种。

3.4 空气污染

3.4.1 空气污染的定义

根据世界卫生组织(WHO)的定义，空气污染是指"其含量与浓度及持续时间可以引起多数居民的不适感，在很大范围内危害公共卫生并使人类、动植物生活处于受妨碍的状态。

空气污染物的种类包含很多，它们的形态可能是固体状的粒子，也可能是液滴或是气体，或是这些形态的混合存在。目前我国法令所定义的空气污染物有哪些种类呢？依据空气污染防制法及相关规定所定义，空气污染物可分为四大项目，分别为气状污染物(包括硫氧化物、一氧化碳、氮氧化物、碳氢化合物、氯气、氯化氢、氟化物、氯化烃等)、粒状污染物(包括悬浮微粒、金局煤烟、黑烟、酸雾、落尘等)、二次污染物(指污染物在空气中再经光化学反应而产生之污染，包括光化学雾、光化学性高氧化物等)及恶臭物质(包括氯气、硫化氢、硫化甲基、硫醇类、甲基胺类)等。比较常见的空气污染物包括悬浮微粒、一氧化碳、硫氧化物、氮氧化物和碳氢化合物等，大多是由人为因素而产生。在我国法令中对于人为因素(如烟囱排放、交通工具排放等)而产生之空气污染物，大多订有《排放标准》来规范它们的排放。

人类每年排入空气中的颗粒物约为1亿吨，二氧化硫为2.5亿吨，氮氧化物为0.5亿吨。世界卫生组织报道，世界上空气污染最严重的15个城市中，有13个在亚洲地区。与发达国家相比，空气污染成为发展中国家城市环境污染的主要问题。中国一些城市空气中悬浮颗粒和二氧化硫的浓度是世界卫生组织推荐标准的2～5倍。

3.4.2 空气污染的危害

空气污染的危害主要表现在以下三个方面：

（1）对人体健康的危害 人需要呼吸空气以维持生命。一个成年人每天呼吸大约2万多次，吸入空气达15～20立方米。因此，被污染了的空气对人体健康有直接的影响。

大气污染物对人体的危害是多方面的，主要表现是呼吸道疾病与生理机能障碍，以及眼鼻等粘膜组织受到刺激而患病。当大气中污染物的浓度很高时，会造成急性污染中毒，或使病状恶化，甚至在几天内夺去几千人的生命。其实，即使大气中污染物浓度不高，但人体成年累月呼吸这种污染了的空气，也会引起慢性支气管炎、支气管哮喘、肺气肿及肺癌等疾病。

空气污染中对人体健康最常见的危害表现为室内一氧化碳（CO）中毒。主要是由于人体吸入了过量的一氧化碳后，一氧化碳与血红蛋白结合形成碳氧血红蛋白，使血液丧失输送氧气的功能，发生头痛、头昏等神经症状，严重者可导致昏迷，甚至死亡。此种空气污染多发生于我国的北方地区，尤其是东北三省、内蒙古自治区和新疆维吾尔自治区，由于这些省（区）属于寒温带气候，每年的采暖期近半年，而在农村和城市的棚户区多为自行采暖。在初冬至初春期间，当气温较低且一天当中变化不大，风很小或者无风，有浓雾或者连绵阴雨天气时，特别是当出现逆温（即大气低层温度低，上层温度高）时，烟囱中的一氧化碳向外溢出受阻变慢，有时甚至出现烟气倒灌现象，如果门窗关得太严实，通风性能差，而煤炉封火不严、烟囱有漏缝，经过一定时间的积累，房间内一氧化碳浓度过高，人体就会出现一氧化碳中毒。

（2）对植物的危害 大气污染物，尤其是二氧化硫、氟化物等对植物的危害是十分严重的。当污染物浓度很高时，会对植物产生急性危害，使植物叶表面产生伤斑，或者直接使叶枯萎脱落；当污染物浓度不高时，会对植物产生慢性危害，使植物叶片褪绿，或者表面上看不见什么危害症状，但植物的生理机能已受到了影响，造成植物产量下降，品质变坏。

(3)对天气和气候的影响　大气污染物对天气和气候的影响是十分显著的,可以从以下几个方面加以说明:

减少到达地面的太阳辐射量:从工厂、发电站、汽车、家庭取暖设备向大气中排放的大量烟尘微粒,使空气变得非常浑浊,遮挡了阳光,使得到达地面的太阳辐射量减少。据观测统计,在大工业城市烟雾不散的日子里,太阳光直接照射到地面的量比没有烟雾的日子减少近40%。大气污染严重的城市,天天如此,就会导致人和动植物因缺乏阳光而生长发育不好。

增加大气降水量:从大工业城市排出来的微粒,其中有很多具有水汽凝结核的作用。因此,当大气中有其他一些降水条件与之配合的时候,就会出现降水天气。在大工业城市的下风地区,降水量更多。

下酸雨:有时候,从天空落下的雨水中含有硫酸。这种酸雨是大气中的污染物二氧化硫经过氧化形成硫酸,随自然界的降水下落形成的。硫酸雨能使大片森林和农作物毁坏,能使纸品、纺织品、皮革制品等腐蚀破碎,能使金属的防锈涂料变质而降低保护作用,还会腐蚀、污染建筑物。

增高大气温度:在大工业城市上空,由于有大量废热排放到空中,因此,近地面空气的温度比四周郊区要高一些。这种现象在气象学中称作"热岛效应"。

对全球气候的影响:近年来,人们逐渐注意到大气污染对全球气候变化的影响问题。经过研究,人们认为在有可能引起气候变化的各种大气污染物质中,二氧化碳具有重大的作用。从地球上无数烟囱和其他种种废气管道排放到大气中的大量二氧化碳,约有50%留在大气里。二氧化碳能吸收来自地面的长波辐射,使近地面层空气温度增高,这叫做"温室效应"。经粗略估算,如果大气中二氧化碳含量增加25%,近地面气温可以增加0.5～2℃。如果增加100%,近地面温度可以增高1.5～6℃。有的专家认为,大气中的二氧化碳含量照现在的速度增加下去,若干年后会使得南北极的冰融化,导致全球的气候异常。

3.4.3 空气污染指数及其分级标准

空气污染指数是一种反映和评价空气质量的方法，是根据环境空气质量标准和各项污染物对人体健康和生态环境的影响来确定污染指数的分级及相应的污染物浓度限值。根据我国空气污染的特点和污染防治工作的重点，目前计入空气污染指数的污染物项目暂定为二氧化硫、氮氧化物和总悬浮颗粒物。

目前，我国采用的空气污染指数分为五级，其中Ⅰ级为优，Ⅱ级为良，Ⅲ级为轻度污染，Ⅳ为中度污染，一定时间接触，心脏病和肺病患者症状显著加剧，运动耐受力降低，健康人群中普遍出现症状。Ⅴ为重度污染，健康人运动耐受力降低，有明显强烈症状，提前出现某些疾病。

表 3-2　空气污染指数分级标准

空气质量指数 API	空气质量级别	空气质量状况	对健康的影响
0～50	Ⅰ	优	可正常活动
51～100	Ⅱ	良	可正常活动
101～150	Ⅲ1	轻微污染	长期接触，易感人群出现症状
151～200	Ⅲ2	轻度污染	长期接触，健康人群出现症状
201～250	Ⅳ1	中度污染	一定时间接触后，健康人群出现症状
251～300	Ⅳ2	中度重污染	一定时间接触后，心脏病和肺病患者症状显著加剧
＞300	Ⅴ	重度污染	健康人群明显强烈症状，提前出现某些疾病

3.4.4 空气污染的典型个例分析

1952 年 12 月 5—8 日，英国伦敦发生的煤烟雾事件死亡 4000 人。人们把这个灾难的烟雾称为“杀人的烟雾”。据分析，这是因为那几天伦敦无风有雾,工厂烟囱和居民取暖排出的废气烟尘弥漫在伦敦市区经久不散,烟尘最高浓度达4.46毫克/立方米,二氧化硫的日平均浓度竟达到3.83毫升/立方米。二氧化硫经过某种化学反应,生成硫酸液沫附着在烟尘上或凝聚在雾滴上,随呼吸进入器官,使人发病或加速慢性病患者的死亡。这也就是所谓的光化学污染。

2007年4月5日,上海市灰黄的天空让市民一片惊呼。根据上海市环保局空气质量检测数据,当日上海可吸入颗粒物日均值达0.623毫克/立方米,为2006年日均值的7倍左右,是上海有可吸入颗粒物测量史以来最高值;与此同时,申城空气污染指数达到500的高峰值,为2000年6月1日上海发布空气污染指数以来的最高值,申城正遭遇6年来最严重浮尘天气。

3.4.5 空气污染的防御措施

防治空气污染是一个庞大的系统工程,需要个人、集体、国家、乃至全球各国的共同努力,可考虑采取如下几方面措施:

(1)减少污染物排放量。改革能源结构,多采用无污染能源(如太阳能、风能、水力发电)和低污染能源(如天然气),对燃料进行预处理(如烧煤前先进行脱硫),改进燃烧技术等均可减少排污量。另外,在污染物未进入大气之前,使用除尘消烟技术、冷凝技术、液体吸收技术、回收处理技术等消除废气中的部分污染物,可减少进入大气的污染物数量。

(2)控制排放和充分利用大气自净能力。气象条件不同,大气对污染物的容量便不同,排入同样数量的污染物,造成的污染物浓度便不同。对于风力大、通风好、湍流盛、对流强的地区和时段,大气扩散稀释能力强,可接受较多厂矿企业活动。逆温的地区和时段,大气扩散稀释能力弱,便不能接受较多的污染物,否则会造成严重大气污染。因此应对不同地区、不同时段进行排放量的有效控制。

(3)厂址选择、烟囱设计、城区与工业区规划等要合理,不要排放大户过度集中,不要造成重复叠加污染,形成局地严重污染事件发生。

(4)绿化造林,使有更多植物吸收污染物,减轻大气污染程度。

3.5 城市热岛

3.5.1 城市热岛的定义

所谓城市热岛，通俗地讲就是城市化的发展，导致城市中的气温高于外围郊区的这种现象。

在气象学近地面大气等温线图上，郊外的广阔地区气温变化很小，如同一个平静的海面，而城区则是一个明显的高温区，如同突出海面的岛屿，由于这种岛屿代表着高温的城市区域，所以就被形象地称为城市热岛。在夏季，城市局部地区的气温，能比郊区高 6℃甚至更高，形成高强度的热岛。

可见，城市热岛反映的是一个温差的概念，只要城市与郊区有明显的温差，就可以说存在了城市热岛。因此，一年四季都可能出现城市热岛。但是，对于居民生活的影响来说，主要是夏季高温天气的热岛效应。

3.5.2 城市热岛的危害

城市热岛主要是由以下几种因素综合形成：

人口高度密集、工业集中，大量人为热量散发。

高耸入云的建筑物是气流通行的障碍物，造成的地表风速小且通风不良。

城市绿地的缺少。

人类活动释放的废气排入大气，改变了城市上空的大气组成，使其吸收太阳辐射的能力及对地面长波辐射的吸收增强。

据统计，热岛的 80％归咎于绿地的减少，20％才是城市热量的排放。由此可见绿地对城市的重要性。

城市热岛的危害主要表现在：

“热岛效应”引起自然环境和植物生态发生变化，夏季城市更加闷热，“热岛效应”使大气中的粉尘增多，威胁市民的健康。

“热岛效应”的产生不仅使人们工作效率降低，而且中暑人数增加，夏季高温导致火灾多发，加剧光化学烟雾的危害。

产生热岛效应后，阻碍城乡空气交流，新鲜空气进不来，有害气体排不出去，烟尘、二氧化碳、汽车尾气等污染物便会在地表空气摩擦层长时间滞留，形成灰蒙蒙的大气状态，诱发多种疾病。

3.5.3 城市热岛的典型个例分析

2002 年 7 月 6—8 日，北京出现了一次明显的热岛过程。6 日傍晚前，北京地区位于弱高压的南部，之后，随着控制朝鲜半岛的台风低压槽的西伸，7—8 日北京地区处在弱低压的控制之下。在此期间，地面小风(不超过蒲氏风级 3 级)，偶尔静风，天空无低、中云，偶尔有少量高云(不超过 2 成)。图 3-6 给出“热岛”强度日变化(气温变化略)。可以看出，6—7 日，太阳落山后“热岛”快速形成，并在午夜前后强度达最大，之后逐渐减弱。与其他季节显著不同的是，北京夏季的“城市热岛”在白天也普遍存在，一般强度维持在 2℃左右。另外，朝阳站夜晚地面气温在总下降趋势下的短暂增温现象不明显，我们考察夜晚的风速变化，虽然风速阵性不比冬季和秋季的弱，但地面气温的短暂增温现象并不发生，这似乎表明夏季夜晚朝阳站的逆温现象不明显。

3.5.4 城市热岛的防御措施

缓解城市热岛效应的措施：

(1)增加城市水面、湿地面积。增加水面也是对付热岛效应的良策，这是因为水的热容相当大，在吸收同样热量的情况下，水体的升温要比土壤等地面缓慢得多，而且水的蒸发也要吸收大量的热量。

(2)增加城市绿地面积，加大城市绿化覆盖率。植物可以通过蒸腾作用，不断从周围环境中吸收大量的热量，从而降低空气温度。研究表明每公顷绿地每天能从环境中吸收大约 81.8 兆焦耳的热量，相当于 1890 台功率为 1 千瓦的空调的作用；此外，由于空气中的粉尘等悬浮颗粒物能大量吸收太阳辐射热，使空气增温，而园林植物能够滞留空气中的尘埃，使空气中的含尘量降低，这样也能缓解热岛效应。因此，必须增加城市绿地面积，扩大城市绿化覆盖率，这样才能缓解城市热岛。有专家认为，一个区域的绿化覆盖率最好达 40%以上，才能有效缓解

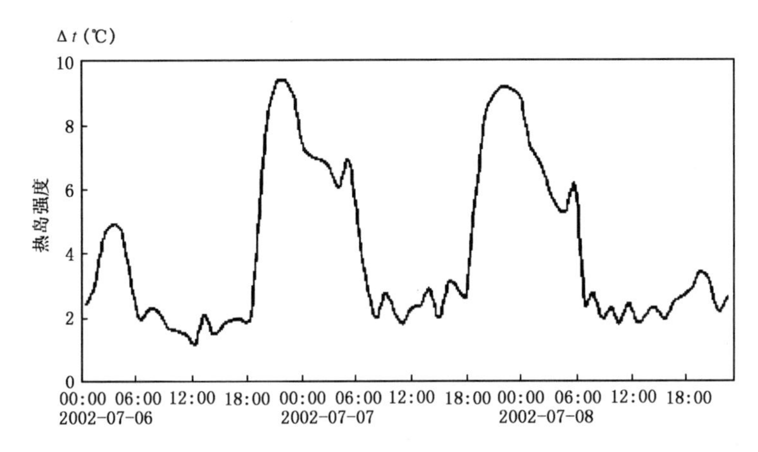

图 3.3 夏季华北低压天气形势下北京“城市热岛”演变过程

（引自王喜全等，北京“城市热岛”效应现状及特征，气候与环境研究，2006 年 05 期）

城市热岛效应。

（3）酌情建设一些规模较大的绿地。城市中的绿地应当分布均匀，并且要酌情建设一些规模较大的绿地。一般来说，绿地面积至少要大于 3 公顷，才能形成以绿地为中心的低温区域，形成“绿岛效应”。研究表明，3 公顷的绿地里气温比周边建筑聚集处气温下降 0.5℃以上。在目前整个市区热岛比比皆是的情况下，这些低温区域可以为市民提供宝贵的户外活动场所。所以在老城区的改造中，要尽可能地建一些面积大于 3 公顷的大片绿地。国际上的一些大都市也都在市区建设了大片的森林，如美国在纽约曼哈顿的中心地带建设了一片 340 公顷的中央公园；在东京，50 公顷以上的公园绿地散布在市内 12 处；我国上海也在“申”字高架道路中心结合点，建设了一片地跨黄浦、卢湾、静安三个区，占地面积 23 公顷的延中绿地。

（4）选择合理种植结构的树种。在绿地的种植结构上，研究结构表明，乔灌草复层结构的绿地降温效果最好，其次为乔草型和灌草型，草坪型最低。在当前城市用地十分紧张的情况下，必须通过优化绿地植物的结构，尽量发展乔灌草复层种植结构，来强化绿地的生态功能，从而使绿地发挥更大的生态效益。

4 农业气象灾害及其防御措施

农业气象灾害是指在农业生产过程中由于异常天气、气候和微气象条件造成的农林作物、耕地和农业设施遭受损害，丧失利用机能的总称。

我国是世界上农业气象灾害频繁发生且损失严重最为严重的国家之一。在各种农业灾害损失中，约70%～80%的损失是由农业气象灾害造成的，如高温、干旱、冷害、台风等。许多动植物、林业病虫害的发生也与异常气象有关。

我国每年约有三分之一的农作物受灾，损失粮食约500～2000万吨，平均每年约1000万吨左右，极端重灾年份可达5000万吨，其经济损失轻灾年也达100亿元，重灾年则达数百亿元。

据1990—2006年数据统计，近17年来中国大陆每年因气象灾害造成的直接经济损失达1859亿元，占GDP的比例平均为2.8%。特别是近年来在全球气候变暖的背景下，低温、高温、台风、雷电、局地强对流以及强降雨等极端天气气候事件发生的频率和强度呈增加趋势。

4.1 干旱

4.1.1 干旱的定义

何为干旱？旱——久不下雨也。干旱是指长时期的缺雨或雨水不足，从而引发水分严重不平衡，造成缺水、作物枯萎、河流流量减少以及地下水和土壤水分枯竭。当蒸发和蒸腾（土壤中的水分通过植物进入大气）长时期超过降水量时，即发生干旱。

我国的大范围干旱，在较大程度上与西太平洋副热带高压区的位置和强度、太阳黑子活动、厄尔尼诺现象引起的海温异常等有关。

根据学科和研究角度的不同，干旱可分为四类，即气象干旱，水文干旱，农业干旱，社会经济干旱：

（1）气象干旱　指某时段内降水偏少、天气干燥、蒸发量增大的一种异常现象。主要研究天气的干、湿程度，与研究区域的气候变化特征紧密相关，通常用某时段低于平均值的降水来定义。

（2）水文干旱　指一种持续性地、地区性广泛地河川流量和蓄水量较常年偏少，难以满足需水要求的一种水文现象 主要讨论水资源的丰枯状况，但应注意：水文干旱与枯季径流是两个不同的概念。

（3）农业干旱　指作物生长过程中因供水不足，阻碍作物正常生长而发生的水量供需不平衡现象。农业干旱主要与前期土壤温度，作物生长期有效降水量以及作物需水量有关。农业干旱具有复杂、多变和模糊三个特性。

（4）社会经济干旱　指由于经济、社会的发展需水量日益增加，以水分影响生产、消费活动等描述干旱。其指标常与一些经济商品的供需联系在一起，如建立降水、径流和粮食生产、发电量、航运、旅游效益以及生命财产损失等关系。

根据干旱发生时期可分为春旱、夏旱、秋旱、冬旱、季节连旱如冬春连旱、连年大旱等。

（1）春旱　北方春季升温快，少雨多风，蒸发量大，华北地区和东北西部的春旱发生几率都在70％左右，且经常出现连年春旱；西北地区发生频率为44％，尤以陕北、宁南、陇中、青海东部为严重。华南和西南春旱发生频率也较高。

（2）夏旱　又称“伏旱”，北方春旱严重雨季又来得晚的年份常出现初夏旱，无灌溉地土壤水分下降到一年的最低点，夏季作物生长旺盛，是作物水分供需矛盾最突出的时期。初夏旱主要发生地区是甘肃中部、宁夏南部、关中东部、山西南部、河南中北部、河北南部和山东中部。初夏旱正值小麦灌浆收获和夏播之际，黄淮海平原因初夏旱不能适时播种的几率占40％～65％，有20％的年份如无灌溉甚至要推迟到7月雨季来到之后才能播种。

长江中下游初夏正是梅雨季节，但有的年份雨带长期在江南停留，而后又迅速移向北方，使长江流域形成“空梅”，也会发生初夏旱，但几率不很高。盛夏三伏，长江流域经常处于副热带高压控制之下，多晴少雨，高温湿热，形成伏旱。在“空梅”年份，如台风登陆又少，伏旱就格外严重，尤以长江中游地区发生频率为高，达50%，北方有的年份也有发生。一般伏旱对庄稼的危害比春旱严重，故有农谚：“春旱不算旱，夏旱减一半”。伏旱使当年水库蓄水量减少，关系到土壤底墒，对来年的作物生长有重要影响。

(3)秋旱　副热带高压南撤过快，秋雨偏少会形成秋旱，以长江中游发生较多，北方也常见。东南沿海因多台风秋旱较轻。

(4)冬旱　华南冬季仍是作物旺盛生长季节，但降水变率很大，如广州1月降水变率竟高达88%，少雨年份可发生严重冬旱。北方冬季农作物虽处于休眠状态，但持续少雪易使冬小麦失水，加重冻害。

(5)连年大旱　在我们历史上常出现连年大旱的事件，如北京地区1470—1949年间发生干旱170次，其中115次为连年干旱，1637—1643年和1939—1945年的大旱延续六、七年之久，解放后，1958—1961年长江中下游地区连旱4年，1966—1968年连旱3年，干旱的连续使灾害严重。

4.1.2　干旱对农业生产影响

干旱是中国和世界农业最严重和常见的农业气象灾害。据历史记载中国从公元前206年到1949年平均每两年就发生一次，1949年以来中国平均每年受灾面积4.6亿亩，其中旱灾就占62%。1960、1965、1972、1982、1988等年受旱面积都达3亿～5亿亩，其中三年困难时期1959—1962年持续干旱是导致中国国民经济出现严重困难，人口非正常下降的直接原因。黄淮海地区由于降水变化大，干旱面积约占全国受灾和成灾面积的一半，是中国干旱发生最频繁严重的地区，其次是长江流域、东北和西南。

干旱对农业生产的影响和危害程度与其发生季节、时间长短以及作物所处的生育期有关。2—4 月是早稻播种、插秧以及旱地作物种植的繁忙季节。春旱往往造成早稻缺水耕田，不能适时播种、插秧，使春种作物缺苗断垄，影响春收作物后期的正常生长，延迟果树的发芽时间和降低发育势等。夏旱，影响夏种作物的出苗和生长，影响早稻和春玉米正常灌浆及晚稻的移栽成活。秋旱，则会影响晚稻和其他秋收作物的生长发育和产量形成。冬旱影响冬种作物播种、出苗及其生长发育。干旱轻者影响农作物正常生长发育，重者导致作物死亡，使农作物减产或失收。

4.1.3 干旱的典型个例分析

2006 年夏季，四川省和重庆市遭受了百年一遇的特大干旱灾害，给农业生产等造成了严重的影响。

四川省和重庆市都是一个以山地丘陵为主的省(市)，“十年九旱”。一遇干旱，常常引起粮食减产，甚至绝收。2006 年 7—8 月，四川省和重庆市遭受了 1951 年有气象记录以来的最严重的特大干旱袭击。尤其是四川省，全省有 21 个市、州的 139 个县遭受特大伏旱。由于干旱出现时，正值农作物生长的关键时期，导致水稻田大面积脱水开裂，部分地区水稻甚至无法插种，及时栽种了，也出现了分蘖、灌浆严重不足，中、迟熟玉米萎蔫、干枯，抽雄扬花困难，红苕栽插困难、成活率低，作物的产量严重受影响。据有关部门统计，干旱造成了四川省农作物受旱面积 2827.87 万亩，成灾 1748.29 万亩，绝收 415.99 万亩，因旱损失粮食产量 586.61 万吨，农业直接经济损失 87.8 亿元。

据资料记载，重庆市(沙坪坝站)6—8 月降水量仅为 271.1 毫米，比常年同期偏少了 212.3 毫米，为 1951 年以来同期降水最少的年份之一。6—8 月，重庆全市 35℃以上的高温天数达 31～57 天，其中 17 个区县 40℃以上的酷暑天数达到 10～19 天。连续高温无雨，造成全市 40 个区县中有 37 个达到或超过重旱标准，2100 万人受灾。据有关部门统计：重庆全市因旱所造成的直接损失达 82.55 亿元，其中农业经济损失为 60.75 亿元。

图 4.1 1986 年 7 月浙西南出现伏旱连秋旱,晚稻田干裂

4.1.4 干旱的防御措施

(1)做好干旱灾害的监测和预报。我国气象部门把干旱等气象灾害作为监测和预报的主要内容.为全国防汛抗旱的决策和组织及物资调运起了很好的作用。

(2)兴修水利,发展灌溉农业。兴修水利、地面灌溉,可以利用地下水或河流中的水引水灌溉,在干旱情况下,使农作物少受灾害。在我国,各地还因地制宜采用各种集水方法进行防旱、抗旱。如甘肃 1999 年出现冬春干旱.但由于甘肃省干旱山区农民在庭院和地头制作了 140 多万眼集雨窖。进行灌溉,使得这年出现旱情严重灾情轻的局面,其社会和经济效益十分明显。

(3)人工降雨。这是我国目前许多地区采用的一种抗旱措施。要进行人工降雨,首先要有合适的天气过程影响本地。有合适的天气系统及相当的云系影响本地,再进行人工降雨作业,会取得很好的效果。有效的增雨作业能使降雨量十分明显。较大程度的缓解旱情。

(4)针对不同的干旱区域特征及生态环境问题。制定不同的改善生态环境方案。

西北干旱区是中国沙漠化和风沙综合防治区的重点地域。生态治理的重点要抓好三个方面:加强防沙治沙。重点恢复紧邻绿洲边缘的荒漠植被;建设山区水库,改造平原水库,改善下游生态环境;采取有效措施改善绿洲生态。

当前,在人类还无法避免干旱灾害,解决水资源短缺的情况下,采取必要的适应性措施,可以避免或减少干旱灾害造成的损害。如在农业生产上改良品种或改种耐旱作物,不失为一种有效措施,此外,植树造林、绿化环境都能起到保持水土、减轻干旱灾害对人们的生产和生活造成损害的程度。还要进一步加强对科技知识的学习和利用,做到灾害性天气早预报、早预防,全力发展生态农业、绿色农业。

4.2 低温冷害

4.2.1 低温冷害的定义

低温冷害是指当温度下降到适宜温度的下限时,将对农业生物造成不同程度的影响,表现为延迟或停止生长、甚至造成不同程度的伤害,通常在农业气象上把这类现象统称为“低温灾害”。

由低温引发的灾害其表现形式是各种各样的,其危害程度是随着低温的强度、持续时间、发生季节、作物种类、发育时期等的不同而变化的。常见的低温灾害有冷害和冻害两类。

4.2.2 低温冷害类型及对农业生产影响

4.2.2.1 冷害对农业生产影响

低温冷害是指农作物在正常生育期内、在主要发育阶段由于遭受零度以上的相对低温,导致作物生育期延迟,或者使生殖器官的生理机能受到伤害,造成农作物减产的一种农业气象灾害。

冷害是一种世界性的农业气象灾害,在许多国家都有发生。如,日本就是冷害发生频繁和严重的国家,平均每3～5年发生一次,使作物严重减产。冷害也是中国的主要农业气象灾害之一，其中以东北地区受害最为严重。1949 年以来，东北地区曾遭受过 8 次低温冷害，其中 1969 年、1972 年、1976 年的 3 次冷害，造成粮食减产达 50 多亿千克，约占粮食总产的 20%。长江流域的晚稻经常遇到"寒露风"的危害，1976 年和 1980 年减产都达数十亿千克。

低温冷害出现时，经常伴随着阴雨、寡照、干旱等天气现象的出现，因此从天气学角度可把低温冷害划分为以下 4 种类型：

低温多雨型(湿冷型)：由连阴雨和低温结合，特点是温度低、湿度大、作物贪青徒长、成熟期延迟，造成减产。

低温干旱型(干冷型)：低温伴随干旱，对雨水偏少地区影响更大，尤其会对大豆、玉米等农作物造成严重危害。

低温早霜型(霜冷型)：低温伴随特早来临的秋霜，这种情况能使水稻、高粱等贪青晚熟作物造成严重损失。

低温寡照型(阴冷型)：低温与阴雨寡照相结合，这种冷害对日照偏少地区的水稻危害很大。

低温冷害与作物的生育期密切相关，因此从生育期角度可以把低温冷害划分为以下 4 种类型：

延迟型冷害：在营养生长期遭受低温，生长缓慢，抽穗期延迟，成熟受阻，结实率低，严重时植株青枯，这种现象称之为延迟型冷害。

障碍型冷害：在生殖生长期，从幼穗形成到开花期，因低温使花器的生理机能受到破坏，造成颖花不育，空壳率高而减产，这种现象称之为障碍型冷害。

混合型冷害：延迟型冷害与障碍型冷害在同一生长季中相继出现或同时发生，延迟作物生育期和抽穗期，孕穗期又遭受低温危害，不仅使部分颖花不育，又延迟成熟，并出现大量秕粒，这种现象称之为混合型冷害。

病发型冷害：该类冷害主要是针对水稻而言。稻瘟病就是受真菌感染而引起的一种水稻病害，低温通常是引发稻瘟病发生的重要气象条件。

根据冷害发生的季节，又可以把冷害划分为以下 4 种类型：

春季低温冷害：3月下旬—4月上旬是长江中下游早稻的播种育秧期。此时，如果遭遇强冷空气活动，日平均气温连续2天或2天以上低于11℃，就会造成烂秧死苗，此种灾害在南方又称之为春寒。华南因有山脉阻挡冷空气，冷害较轻。北方春季播种的棉花、花生等喜温作物如播种后出现持续低温，种子在土壤中养分消耗太多，就会发生烂种。

夏季低温冷害：主要发生在我国的北方，尤以东北最为严重。以延迟型冷害为主，但高海拔高纬度地区(如贵州部分地区)的水稻也可发生障碍型冷害。

秋季低温冷害：是南方晚稻生产上的主要气象灾害之一，又称之为寒露风。各地实际发生时间一般由高纬度向低纬度、高海拔向低海拔，以及内陆向沿海推迟。长江中下游发生在9月份，华南发生在寒露节气前后。一般秋季低温可使晚稻空壳率达20%～30%。如，1971年9月，江西遭受严重秋季低温，部分地区晚稻空壳率达30%～50%，甚至70%。

热带作物冬季寒害：华南的许多热带作物遇10℃以下0℃以上的低温，就可能会受害，症状表现为植株枯萎、腐烂或感病，甚至死亡，当地称之为寒害。实际上是冷害的一种。在云南和海南的橡胶园区经常发生。如1955年1月出现的0℃左右的低温，橡胶树枯死达70%～80%。

4.2.2.2　冻害

冻害是指农作物、果树、林木以及畜牧等遭受0℃以下的低温或剧烈降温时受到的伤害，主要发生在越冬期间的一种农业气象灾害。

世界上冻害以高纬度和高海拔地区最为严重。我国的大陆性季风气候也使冻害要比世界上同纬度国家更为严重，导致多年生喜温作物的分布北界明显偏低。如柑橘，欧洲可在北纬40°地区种植，我国江南在北纬28°以南种植才较安全。

冻害的地区分布：冬小麦的冻害最严重的地区是在华北、黄土高原和新疆北部，其次是黄淮平原和新疆南部。油菜冻害以华北南部和黄淮平原最为严重。大白菜砍菜期冻害在东北和华北都较严重。蔬菜越冬冻害以长江流域最为严重。柑橘冻害以江南丘陵地带冷空气易进难出地形区域最为严重。苹果等北方果树以长城沿线冻害较重。

冻害的发生条件：有些冻害是突发性的，与冬季寒潮活动相联系，如大白菜的砍菜期的冻害。大多数冻害既与突发性的寒潮有关，更与长时期的不利越冬条件相关联，具有累积性灾害的特征。有的暖冬年因冬前急剧降温抗寒锻炼很差，冬季或冷暖变化剧烈或旱冻交加，都有可能发生冻害。如，1993—1994年华北地区是一个暖冬，但因入冬剧烈降温抗寒锻炼极差，仍然发生了相当严重的冻害。在新疆北部，小麦仰赖稳定积雪越冬，有的年份尽管冬季严寒，只要具备稳定积雪仍可安全越冬；而有些暖冬年积雪来得晚或不稳定、过早融化，仍可发生严重冻害。20世纪80年代以后，我国北方冬季变暖，有的农民于是就引种抗寒性差的品种，结果就出现了冻害。如，1994年山东潍坊部分农民就因选择了抗寒性弱的小麦品种又过早播种而在暖冬年发生了严重冻害，麦苗几乎全部死亡。

冻害的发生时间和指标：从冻害发生的时间上来看，可以划分为初冬冻害、严冬冻害和早春冻害。初冬冻害的特点为，作物在缺乏抗寒锻炼的情况下遭受冻害，虽然当时冻害不重，但因抗寒性差和养分积累不足，提前入冬后即使冬季不冷，也仍然经受不住严冬的持续低温，这一类冻害常常以入冬降温幅度或抗寒锻炼减少天数作为冻害的参考指标。严冬冻害，主要与严寒持续时间及程度相联系，主要以负积温（即最低气温低于0℃的气温之和）、有害积温和极端最低气温为冻害指标。早春冻害，是指在天气回暖后，作物开始生长部分抗寒性已丧失之后突然遭受强冷空气而出现的危害，常以稳定通过某一界限温度之后的极端温度为冻害指标。如，2005年的3月12日，浙江省自北而南出现了中到大雪，部分暴雪，全省各地均有积雪，一半以上气象台站积雪深度超过5厘米。大雪后全省各地气温明显下降，12—14日早晨，全省大部地区极端最低气温在0℃左右，出现冰冻，部分山区和半山区极端最低气温在－2～－4℃，出现严重冰冻。低温导致杨梅花芽受冻枯黄、树叶凋落、树皮开裂，尤其是高山地区杨梅受冻害明显，海拔500米以上的杨梅显著减产。不论是何种作物，都可以用50%植株死亡的临界致死温度作为其冻害指标。这一指标主要取决于作物种类和品种特性，即主要由其遗传特性决定，但也与抗寒锻炼程度、苗情长势、养分状况等有关。

4.2.3 低温冷害的典型个例分析

2008年1月中旬—2月上旬，中国南方大部地区出现了历史罕见的持续低温雨雪冰冻天气，西北地区东部、黄淮、长江流域及其以南大部地区出现持续低温雨雪冰冻天气。长江以南大部最大降温幅度达到10～20℃；长江中下游地区的最低气温降至－6～0℃，江南大部和贵州大部极端最低气温为－5～0℃，华南大部为0～5℃。南方大部地区出现冰冻天气，长江流域及江南大部冰冻日数达10～37天，华南北部达1～10天；湖南、贵州、安徽南部和江西等地出现冻雨；湖北、湖南、安徽大部、江苏中南部、浙江和江西中北部等地出现暴雪，积雪深度为5～20厘米，安徽和江苏南部达20～50厘米。长江中下游及贵州平均最长连续冰冻日数超过1954/1955年，为历史同期最大值。

长时间、大范围和高强度的雪灾、冰冻和寒害，给我国的农业生产造成了严重的损失。如露天蔬菜受损严重；温室大棚垮塌，室内蔬菜、水果受冻；经济林果苗木冻死，果实冻伤，茶树、柑橘毁损严重；毛竹、树木倒伏或被压断；牲畜受冻而亡。与此同时，低温高湿天气造成蔬菜病害偏重发生，品质下降；大雪、冰冻封路，导致农副产品运输严重受阻，柑橘、蔬菜、生猪等运销受到较大影响，致使农产品价格不同程度上涨。实地调查结果表明：农林业受损严重，其中林业受灾最重，不仅影响了产量和经济价值，也破坏了当地良好的生态环境，部分影响短期内难以恢复。

根据有关部门统计，此次冰冻雪灾，农作物受灾面积2.17亿亩，绝收3076万亩。秋冬种油菜、蔬菜受灾面积分别占全国的57.8％和36.8％。良种繁育体系受到破坏，塑料大棚、畜禽圈舍及水产养殖设施损毁严重，畜禽、水产等养殖品种因灾死亡较多。森林受灾面积3.4亿亩，种苗受灾243万亩，损失67亿株。全国合计因灾直接经济损失约1516.5亿元。

4.2.4 低温冷害的防御措施

防御低温措施，对于不同的对象，如农作物、果树、林木以及畜牧等的不同而不同。

对农作物而言，可以采用的防御低温灾害措施为：

(1)掌握低温气候规律，合理安排品种搭配，掌握适宜的播栽期。

(2)加强低温灾害的预报及应用。长期趋势预报有利于调整作物布局和品种搭配，中、短期预报为及时采用应急的防御措施提供可靠依据。

(3)改善和利用小气候生态环境，增强防御低温能力。选择通过局地地形削弱冷空气入侵次数和降温强度的相对较暖环境。有些地区采用地膜覆盖，以水增温和喷洒化学保温剂，这些措施都能达到减轻低温危害的目的。

(4)选择耐寒的高产品种，促苗早发，合理施肥促进早熟。

果树防御低温灾害措施：

(1)增加树体营养。采果后，及时增施有机肥，并配合根外追肥，以恢复树势，提高树体抗寒力和来年座果率。

(2)覆盖法。在果树行间覆盖稻草秸秆或在株间畦面铺设地膜，可提高地温 2～3℃，不仅能防止果树受冻，而且还起到保墒的作用。尤其对幼年果园防冻效果很好。

(3)培土法。针对果树根颈部易受冻的特点，寒冬前结合中耕，进行树盘培土。在树盘周围用细土培 15～20 厘米，以保护根系和根茎安全越冬，翌年开春后除去培土，整好树盘，外露嫁接口。

(4)包裹法。在大冻到来前，用稻草绳或麦秸将果树主干、主枝缠绕包裹。这样可有效地阻隔寒风侵袭，从而减轻冻害，达到果树安全越冬的目的。

(5)灌水法。主要是针对秋冬干旱严重的年份，在冻前对果园进行灌水或全园喷灌，可使地温保持相对稳定，提高果树抗寒能力，减轻冻害。采用环状沟灌或放射状沟灌，一般在上午进行，注意灌水要灌透，才能收到好的效果。

(6)涂白法。用生石灰 1.5 千克、食盐 0.2 千克、硫黄粉 0.3 千克、油脂少许(作用是避免雨水淋刷)、水 5 千克,拌成糊状溶液制成涂白剂刷主干,特别是离地面 0.5 米的主干。此法不仅可防止和减轻冻害,还能抵制病菌侵入,消灭越冬害虫。

(7)薰烟法。根据气象预报,在天气急剧降温的夜间采用。燃料以锯末、秸草、糠壳等为好。在午夜 12 时左右点燃,以暗火浓烟为宜。一般每亩果园均匀点 4~6 个燃火点,使烟雾全覆果园,以减缓地面散热降温,增加空气中的热量。据测定,熏烟法一般可使气温提高 2~3℃,冬季冷空气容易聚集的地势低洼果园,该法效果尤好,但若气温低于 −2℃,则该法防护效果不明显。

(8)化学保护。在低温冻害之前,人工树冠喷施抑蒸保温剂,使叶面覆盖一层薄膜,抑制水分蒸腾和散发,提高树体汁液浓度,增强抗寒性。

林木防御低温灾害措施:

(1)覆盖防寒。对林木苗圃地,可搭建大棚或拱棚,确保果苗安全越冬;对幼龄林木特别是名优种苗,且抗寒能力弱的树苗,用稻草、麦秸等覆盖防寒。对少数不耐寒的珍贵树种苗木,可用覆土防寒,厚度均以不露苗梢为度。翌年春天,气温回升稳定,土壤解冻后,应及时除去覆盖物。

(2)树干涂白和包扎防冻。在树干上涂白,用以减轻林木因冻伤和日灼而发生的损伤(最常用的白涂剂配方是生石灰 5 千克加石硫合剂原液 0.5 千克加盐 0.5 千克加动物油 0.1 千克加水 20 千克,先将生石灰和盐分别用热水化开,然后将两液混合,搅拌充分,再加上动物油和石硫合剂原液)。树干包扎防冻垫及草绳等,挂果树还可以采取稻草覆盖树盘、薰烟、喷防冻剂保暖御寒。

(3)搭建设施防冻。珍贵树苗可搭防冻暖棚(温室);高山苗圃可设防风障,即土壤结冻前,在苗床的迎风面用秫秸等风障防寒。一般风障高 2 米,障间距为障高的 10~15 倍。翌年春晚霜终止后拆除。设风障不仅能阻挡寒风,降低风速,使苗木减轻寒害,而且能增加积雪,利于土壤保墒,预防春旱。

(4)药剂防冻。采用园林养护专用苗木防冻液来防冻,有利于保护苗木,特别是对于南种北移苗木、不耐寒花木,效果较好。

(5)熏烟防冻。特别冷的天气,可根据风向、地势、面积设点,在绿化苗圃四周设烟堆2～3处,在气温降至植物受冻害临界点时点烟,尽量使火小烟大,保持较浓的烟雾,持续1小时以上,日出后若保持烟幕1～2小时,效果更佳。发烟时放出的热量提高苗圃地温度,防冻又积肥。

(6)防冻补救措施。绿化苗木一旦受冻和雪压后,应及时采取科学措施进行补救,尽快使树体恢复生机,减少损失。

第一,绿化苗木突遇连日大雪后,应及时清除树枝干上积雪,避免树枝干积雪压断,特别是常绿树种和一些古树名木,注意大雪期间保护。

第二,冻害造成落叶的植株,及时摘除枯萎的叶片,减少树体水分的消耗。冻后树体的抗寒能力进一步下降,枝干容易发生日灼,还应当及时做好枝干的保护、培土覆盖等措施,以减轻冻害的危害。

第三,冻害发生程度较严重的植株,根据冻害程度,适时适量修剪。枝干受冻,反应较慢,与未受冻枝干的界线不容易在短期内分清,故不应当大截大锯,以春梢萌芽初期剪去枯死部分为宜。修剪后的伤口适当涂以保护剂或者动物油等。

第四,冻害比较轻的植株,修剪上可以采取以侧枝的短截更新为主,可以在萌芽前进行,以促发新梢,同时要及时施肥,薄肥勤施,以氮肥为主,也可喷施0.2%～0.3%磷酸二氢钾混合液。

第五,及时清理冻死林木。遭遇雪压冻害后,林木中衰弱木和枯死木增加,为蛀干害虫发生发展提供了有利的环境条件,所以冰冻灾害过后,要及时清理林中的枯死木及其枝条。

畜牧防御低温灾害措施

(1)要关好门窗,防止贼风进入,控制畜禽舍内温度发生大幅度变化。

(2)采用供暖设施。如用红外线灯、电热板等增温,确保畜禽有适宜的活动环境,家禽育雏室要注意整体保温,防止过堂风进入。

(3)舍外放养的畜禽如羊、牛、土鸡等要避免阴雨天放牧,雪后天气较冷,外出放牧,宜迟出早归,特别是山羊要放在阳坡上,放牧后及时赶回,避免在外受冻死亡。

(4)在畜禽舍内加铺垫草,栏舍可在畜禽放牧时进行垫草清除、更换新鲜栏草工作,防止畜禽受冻着凉。

(5)加强饲料营养水平。日粮中要增加一些能量饲料(如玉米、油脂等),以保证能量消耗,提高畜禽机体本身的御寒能力,适当添加一些维生素C,以防应激,不喂冰冻饲料和冷水。结冰下雪期间,青绿饲料要堆放在室内,生猪、耕牛都要喂温水,放在室内的水也可,绝对不能喂溪水或放在野外的冷水。

(6)在畜禽舍保温的同时,要注意畜禽舍的通风换气,保持畜禽舍空气新鲜,防止疾病的发生。

(7)加强动物防疫工作,密切注视疫情,防止重大动物疫情发生。

4.3 高温热害

4.3.1 高温热害的定义

任何植物和动物的生长都有其适宜的温度范围。如果气温超出了适宜温度的最高值,植物或动物就会因温度过高部分生理机能丧失而遭受的伤害,称之为高温热害。

4.3.2 高温热害对农业生产影响

4.3.2.1 高温热害对水稻的影响

根据水稻生物学特性,植株适宜生长的温度范围为25～30℃,下限温度为10℃,上限温度为40℃。如果环境气温超出了上限或下限的临界温度,水稻的生长发育就会出现异常现象,即生理障碍。

水稻植株在每个生育阶段对温度都有一定的要求。水稻从抽穗扬花期开始,至成熟收割期的适宜生长温度为25～30℃,30℃以上就会产生不利影响。如抽穗扬花期,环境气温持续超过35℃,水稻花器将发育不全,花粉活力下降,受精受阻,形成大量的空壳,穗粒数偏少。灌浆成熟期,环境气温高于35℃或其以上,高温加快了灌浆的速度,但灌浆期缩短，极易形成半实粒，而且造成米粒质地疏松、腹白扩大，千粒重降低，米质变差，形成早稻的“高温逼熟”现象。

2006年夏季罕见的高温，造成四川省早稻出现了高温逼熟，引起早稻产量明显下降。

一般研究认为，高温对水稻抽穗扬花和灌浆成熟的致害温度为35℃。谭中和等（1985）研究认为，日平均气温≥30℃和日最高气温≥35℃可作为自然高温的致害温度指标。王前和等把中稻抽穗开花期日最高气温≥37℃且持续5天以上作为造成大田空壳率发生的热害指标。结合前人研究成果，以及浙江省早稻的生育特性、产量和同期气象资料综合分析等，浙江省气象部门把早稻抽穗开花期和灌浆成熟期高温热害指标定义为日最高气温≥35℃和日平均温度≥30℃连续出现3天以上。依据持续出现时间长短，划分为不同危害等级：日最高气温≥35℃和日平均温度≥30℃连续出现3～5天定义为轻度热害，连续出现6～8天定义为中度热害，连续出现8天以上的定义为重度热害（表4.1）。

表4.1 浙江省早稻高温热害等级指标

危害等级 气象要素	轻	中	重
日最高温度	≥35℃	≥35℃	≥35℃
日平均温度	≥30℃	≥30℃	≥30℃
持续时间（天）	3～5	6～8	>8

水稻高温热害主要是指在水稻的生殖生长期（孕穗抽穗扬花—灌浆结实期）遭遇连续的高温天气，引起水稻高温不实和高温逼熟。高温不实是早稻抽穗开花期因遇日最高气温≥35℃的高温天气，造成空粒，导致空壳率增加。高温逼熟是水稻灌浆成熟期，因高温，缩短了灌浆成熟期，瘪粒增多，千粒重下降。

高温不实主要是发生在水稻的孕穗抽穗扬花期，是水稻高温的主要危害。高温对水稻盛花期开花率、花药开裂等均有不良影响，温度愈高，伤害愈重。中国科学院上海植物生理研究所人工气候室在籼稻（二九青)开花期,进行不同高温试验,在相对湿度70%的条件下,30℃高温处理5天对开花结实已有明显伤害,38℃高温处理5天则全部不能结实。水稻花期,不同高温强度及其持续时间对结实率影响不同,随着高温强度的加大和持续时间的延长,水稻秕谷率和空壳率增加。高温危害的敏感期为水稻盛花期,盛花期前或盛花期后较轻,开花当时的高温对颖花不育有决定性影响。从花粉粒镜检情况看,花粉率充实正常率明显下降,畸形率明显增加。它主要影响颖花的开放、散粉和受精,因而空粒增多。水稻开花期受害的机理,一般认为是花粉管尖端大量破裂,使其失去受精能力,而形成大量空秕粒。临近开花前出现高温,主要伤害花粉粒,使之降低活力,开花前一天的颖花受热害最重。

高温对水稻抽穗扬花的影响主要有两个时间段,第一个时段是抽穗时,对高温最敏感,第二个时段是抽穗前9天左右。当出现高温时间早于抽穗前15天,或迟于抽穗后5天,高温对稻穗结实率就没有影响。

高温逼熟发生在水稻灌浆期。高温对水稻籽粒灌浆的影响主要表现在秕谷率增加,结实率和千粒重降低。不同高温对水稻灌浆期的影响不同。日温32℃夜温27℃处理5天,千粒重有所下降。日温35℃夜温30℃处理5天,千粒重和结实率都明显降低。据有关研究表明,乳熟前的高温伤害主要是降低实粒,增加秕粒。乳熟后期的高温伤害主要是降低千粒重。杂交稻籼优2号乳熟期在平均温度为25～27℃条件下的千粒重最大,当平均温度大于28℃时,千粒重有所下降,平均温度达30℃时,千粒重明显下降。研究还表明高温对水稻灌浆的影响主要在于籽粒过早减弱或停止灌浆,即高温缩短了籽粒对贮藏物质的接纳期。其原因是灌浆期遇到高温会使籽粒内磷酸化酶和淀粉的活性减弱,灌浆速度减低,影响到干物质的积累。另外,高温还增加了植株的呼吸强度,使叶温升高,叶绿素失去活性,阻碍光合作用正常进行,降低光合速率,消耗量大大增强,使细胞内蛋白质凝集变性,细胞膜半透性丧失,植物的器官组织受到损伤,酶的活性降低,整个植株体代谢也表明失调,最后三片功能叶早衰发黄,灌浆期缩短,最终表现为“逼熟”现象。

4.3.2.2 高温热害对果树的影响

高温热害对果树的危害主要是加速植株蒸腾,破坏水分代谢活动,与大气或土壤干旱结合,往往造成植株叶片干枯、脱落;果实灼伤、萎缩、脱落及畸形果等,对苹果产量、品质、尤其是商品率产生显著影响。

近年来随着人们对果品品质要求越来越高和气候变暖趋势加剧,高温热害对果品的影响和危害越来越引起人们的关注。过去对农作物的高温危害研究较多,曾提出"高温害"、"干热风"、"热浪"等有关定性定量高温热害概念,而对果树高温热害研究仅有个别著作提到果实日烧,是由于"温度较高的树皮及果表水分一方面通过表皮向外蒸散,另一方面则向低温处扩散造成过量失水引起生理干旱,呈烫死状。温度过高还会引起局部组织细胞新陈代谢活动异常毒素积累而导致坏死,尚未提出具体的受害指标。针对生产实际和气象服务需要,结合碳三植物三基点温度中最高温度35℃、38℃的温度指标及近几年高温热害调查资料,有研究提出果树高温热害气象服务预报、警报指标(表4.2)。

表4.2 果树高温热害气象服务预报预警指标

温度指标(最高气温)	高温热害($35℃<T\leqslant38℃$)	高温热害($38℃<T\leqslant40℃$)	严重高温热害($T>40℃$)
危害程度	光合作用受到抑制影响光合产物积累	加速植株蒸腾破坏水分代谢活动果实出现轻度灼伤	严重破坏水分代谢,局部植株细胞代谢活动异常,造成严重后果灼伤或局部组织坏死
代表年份	2001年、2004年	2003年、2006年	2002年、2005年

4.3.2.3 高温热害对蔬菜和花卉的影响

夏季晴天中午,菜田表土温度常达40~50℃,高温抑制根系与植株生长,并诱发病虫害。另外,高温强光会灼伤植株,使叶片萎蔫,光合作用能力下降,干物质积累减少,缺乏高产基础。如果夏季雨后转晴曝晒,土表温度急剧上升,水分汽化热易使叶片烫伤,造成果菜类蔬菜落花落果等。

盛夏季节,喜温蔬菜如番茄、甜椒等不宜在平原地区种植,即使是喜热

(或耐热)的蔬菜如贡菜、小芥菜等,长时间的高温,尤其是夜高温会加速其老化,使蔬菜纤维多,质量差;茄子、豆角也会因高温出现早衰而低产。

高温使花卉蒸腾量加大,根系吸收的水分不敷蒸腾支出,造成花卉生长速度下降。在高温条件下植株呼吸消耗养分加大,有时可超过光合积累,导致植株迅速老化,在光照不足时高温的危害要更大。夏季强光日晒下结果类花卉果实会出现“日烧病”。此外,高温能使观叶类花卉的叶色褪绿,观赏类花卉的花期缩短,或因日晒引起花瓣焦灼;高温还可导致花粉生活力衰退,并使柱头萎缩,使其无法传粉、受精、结籽,从而无法繁衍后代。

4.3.2.4　高温热害对水产养殖的影响

高温给各种鱼虾的生育及种苗繁殖均带来不利影响。盛夏正是鱼类摄食生长的旺盛季节,但高水温会造成水溶氧量减少,使水中氧气不足,而鱼虾在高温下耗氧量又增多,过剩饲料及水底有机物发酵也会大量消耗氧气,再加上浮游动物迅速繁殖耗氧,使水中缺氧状况进一步恶化,会在极短时间内造成鱼虾浮头,甚至死亡。如果阴雨后即转高温,最易造成鱼虾缺氧浮头。

4.3.2.5　高温热害对畜牧业的影响

在较高温度范围内,随着气温升高,畜禽采食量逐渐下降,下降的幅度与畜禽的年龄和体重有关,年龄体重越大,下降越明显。在气温30～38℃,相对湿度80%～90%时,畜禽的采食量和增重速度均会明显降低。因此,在盛夏高温季节要在畜禽舍内采取防护措施,加强遮阴和通风,使舍内的辐射热和对流热降低。向畜体洒冷水或向地面泼冷水,可加速传导散热和蒸发耗热,使舍内温度下降。妥善安排畜禽的日常生活,改善畜禽的居住环境,可使畜禽在夏季不掉膘、少生病。

4.3.3　高温热害的典型个例分析

2003年的夏季,浙江省出现了历史罕见的持续晴热高温天气。主要表现为:第一,夏季季平均气温异常偏高,较常年偏高了1～2℃,有近三分之二的气象站点破或平历史同期最高记录,其他站点则位居第

2～4 位;第二,高温持续时间长、范围广,2003 年全省从 6 月 22 日开始普遍出现高温天气,直至 9 月下旬才完全结束。期间的高温天数,除海岛外,大部地区在 40 天以上,是常年平均值的 2～3 倍。第三,高温强度异常强,7 月中旬至 8 月初,全省大部分地区极端气温在 40℃以上,丽水 7 月 31 日达 43.2℃,创浙江省有气象记录以来的新高。期间,全省先后有 2/3 的观测站极端最高气温破历史记录。

夏季的前中期(6 月中下旬—7 月底)正是早稻抽穗扬花和灌浆成熟期,此时大多数年份处于梅雨结束后的高温酷暑期,晴热高温常常对早稻的产量产生危害。表 4.3 为典型高温热害年份 2003 年浙江省早稻的产量和产量结构与近 6 年的比较。近 6 年(2001—2006 年)选用的是气候背景比较相近、种植品种、熟性和栽培方式相似的平均值。

由表 4.3 可知,2003 年浙江省各地早稻的单产均呈现为减产年景,具体表现为穗结实粒数下降,空壳率增加,秕谷率上升。2003 年,浙江省早稻减产最少为金华,与平均值比,减产幅度为 1.0%;龙泉最多,减产幅度高达 67.3%。穗结实粒数,除金华、龙游略有增加,其余 4 个站点均有减少,其中丽水减少最多,2003 年穗结实粒数只有平均值的 68%。空壳率,龙游、平阳下降了 1.5%～3.5%,其余 4 地分别增加了 1.7%～3.2%;秕谷率,只有龙泉下降了 3%,其余 5 地分别增加了 0.2%～10.0%;千粒重,除龙游减少了 0.5 克,金华持平,其余 4 地分别增加了 0.1～5.0 克。

表 4.3　2003 年高温热害对早稻产量和产量结构的影响

站名		早稻单产（千克/公顷）	穗结实粒数（粒）	空壳率（%）	秕谷率（%）
绍兴	平均值	6644	72.9	14.8	19.8
	2003 年	6499	66.4	18.0	24.0
	距平	−145	−6.5	3.2	4.2
金华	平均值	5316	85.0	16.7	6.1
	2003 年	5263	87.8	19.0	10.0
	距平	−53	2.8	2.3	3.9

续表

站名		早稻单产（千克/公顷）	穗结实粒数（粒）	空壳率（%）	秕谷率（%）
龙游	平均值	5133	78.4	14.5	13.8
	2003年	4740	86.4	11.0	14.0
	距平	−393	8.0	−3.5	0.2
丽水	平均值	5263	89.5	8.0	12.0
	2003年	5108	61.6	11.0	22.0
	距平	−155	−27.9	3.0	10.0
龙泉	平均值	5420	87.3	11.3	14.0
	2003年	1770	79.8	13.0	11.0
	距平	−3649	−7.5	1.7	−3.0
平阳	平均值	5370	77.7	12.5	11.0
	2003年	5130	74.7	11.0	16.0
	距平	−240	−3.0	−1.5	5.0

注：平均值为2001～2006年的近6年平均，距平为2003年实值与近6年的差值

4.3.4　高温热害的防御措施

4.3.4.1　水稻高温热害的防御措施

随着全球气候的变化，高温热浪出现频次在增多。近几年来我国部分省份早稻生育后期高温热害也呈现为加重趋势，危害早稻产量的提高。为了减轻或避免高温热害对早稻产量的影响，可采取以下防御和应急措施：

(1)选用耐高温的品种及组合。不同的品种对高温热害的受灾程度有一定差异。如籼优系组合比特优、协优系列组合抗性强。因此，生产中必须选择高抗性品种。早稻可选用抗高温力较强的品种，并同早熟高产品种合理搭配，利用抗高温品种减轻对灌浆结实的伤害，利用早

熟高产品种避开高温季节。

(2)适期播种,推广旱育稀植技术。比如,浙江省早稻发生高温热害的季节多为6月下旬至7月底,为了避开高温段,尽可能将水稻开花期提前,因此,早稻的适宜播种期应安排在3月底至4月初。另外,采用旱育秧方式,秧苗素质好,长势健壮,大田群体结构合理,分蘖成穗多,受害都较轻。

(3)即将或已出现高温危害的应急措施,科学肥水管理。第一,在高温来临前,根据早稻植株长势,适当施肥。施肥时以尿素、过磷酸钙等兑水喷施叶面肥为主,有利于提高结实率和千粒重。第二,水层管理。扬花期浅水勤灌,日灌夜排,适时落干,防止断水过早,以改善稻田小气候,促进根系健壮,增强抗高温能力。高温时白天加深水层,可降低穗部温度1~2℃;日灌夜排可增大昼夜温差,效果更好。第三,喷灌。据研究,喷灌能明显降低水稻田间的温度,增加湿度。喷灌后田间气温可下降2℃以上,相对湿度增加10%~20%,有效时间约2小时,喷灌可降低空秕率2%~6%,增加千粒重0.8~1.0克。喷灌时间以盛花期前后为最佳。第四,喷洒化学药剂。每亩用硫酸锌100克、食盐250克或磷酸二氢钾100克,兑水喷施叶面;或在高温出现前喷洒50毫克/千克的维生素C或3%的过磷酸钙溶液,都有减轻高温伤害的效果。

上面所述多种防御措施,各地可根据当地的实际情况,因地制宜地选择和使用。根据气候预测,了解各生长季可能提供的温、光、水、热条件,结合品种、肥力安排好全年生产,并适时地采取高温热害的防御技术,尽可能减轻气象灾害对早稻产量的影响。

4.3.4.2 果树高温热害防御措施

防御高温和抗旱的有机结合,要重视改善土壤水分状况,加强以降温增湿为中心的果园小气候调控,缓解太阳直接辐射对树体和果实的危害。

(1)适时灌水。在盛夏高温热害来临前,适时对果园进行灌溉,改善土壤水分供应和果园温湿状况,缓解干旱和高温热害危害。

(2)树体喷水。盛夏当气温达35℃以上时,于下午1时至3时阳光直接曝晒时，向树冠间歇性喷水，降温增湿，改善果园小气候，缓解高温和太阳直接辐射对树体和果实的伤害。

(3)松土覆盖。旱地果园盛夏期间要及时进行果树行间中耕松土、适时用秸秆和青草覆盖树盘，减少土壤水分蒸发，提高果园土壤蓄水、保墒能力，减轻果树高温热害。

(4)检查果袋。当大于35℃的高温天气出现时，要及时对套袋进行检查和通气，使空气流通，降低袋内温度，缓解日灼危害。

(5)搭建防护网。在冰雹多发区，可结合防冰雹搭建防护网，既可防御冰雹灾害，又可减少太阳直接辐射对果实和树体的伤害。

4.3.4.3 蔬菜高温热害防御措施

(1)栽培方式合理密植，使茎叶相互遮阳。与高秆作物间作，利用高秆作物遮阳。越夏番茄整枝时，在最上层果穗上部留2～3片叶，以遮光防晒。甘蓝、花椰菜等结球后，摘取外围叶片盖在叶球上，避免阳光直晒。瓜类作物结瓜后，可用草上边盖、下边垫，防止出现日灼和烂瓜。

(2)以水降温。夏秋高温季节，适时灌水可以改善田间小气候，使气温降低1～3℃，减轻高温对花器和光合器官的直接损害。

(3)根外追肥。在高温季节，用磷酸二氢钾溶液、过磷酸钙及草木灰浸出液连续多次叶面喷施，既有利于降温增湿，又能够补充蔬菜生长发育必需的水分及营养，但喷洒时必须适当增加用水量，降低喷洒浓度。另外，番茄喷洒0.2%～0.3%比久、0.1%硫酸锌或硫酸铜溶液，可提高植株抗热性，用2.4－D(植物生长调节剂)浸花或涂花，可以防止高温落花和促进子房膨大。

(4)人工遮阳。在菜地上方搭建简易遮阳棚，上面用树枝或作物秸秆覆盖，可使气温下降3～4℃。采用塑料大棚栽培的蔬菜，夏秋季节覆盖遮阳网遮阳，可降温4～6℃，并能防止暴雨、冰雹及蚜虫直接危害蔬菜。

4.3.4.4 水产养殖高温热害防御措施

为避免鱼虾浮头，主要措施是在高温期设置增氧机，并经常换水，减少投料次数与数量。当鱼虾出现浮头时,应立即抽新水入塘,但要防止弄浊塘水,必要时应使用增氧剂。

4.3.4.5 畜牧业高温热害防御措施

高温对奶牛影响很大,会使奶牛热平衡失调,严重影响奶牛的产奶量。直接影响奶牛热平衡失调,体温升高,呼吸急促,脉搏加快,采食量减少,导致产奶量下降。高温还会影响奶牛的发情、配种、产犊,易造成奶牛空怀或难产死亡。要减轻上述高温热害,要采取措施改善牛舍的小气候条件:牛场场址宜选在通风干燥处;适当增加牛舍高度,便应注意太阳高度角,防止阳光直射进牛舍内;舍顶进行降温处理,如喷水、放树枝遮盖等。加厚墙体,增加对流通风;另外,应因地制宜采取科学管理措施,根据气候变化调节作息时间、饲料结构、饲料喂养密度等。

4.4 农田渍涝

4.4.1 农田渍涝的定义

农田渍涝是指雨水过多或过于集中,使农田长时间处于水分过湿,甚至呈饱和状态,田间积水成灾,导致农作物产量明显下降的气象灾害。

具体来讲,农田渍涝又可以分为渍害和涝害。

渍害是指农田并无明显积水,但土壤长期处于饱和状态,植物根系缺氧受害,发育不良,又称湿害或沥涝,可导致多种病害。农田渍害在长江流域的小麦生产中很常见。

涝害是指大量降雨后未能及时排水,农田出现积水,作物受害,甚至房屋被淹。涝灾主要出现在夏季的长江、淮河流域一带,以及夏秋季节的东南部沿海省份。

中国涝害具有 2～3 年、11 年、22 年和 30～40 年及 80～90 年的准周期变化,与太阳黑子活动有密切关系。

按照渍涝所发生的季节,可分为:

(1)春季渍涝:以湿害为主,有时也成涝,局部地区可发生洪水。以华南和江南南部发生较为频繁,东北的三江平原早春大量融雪和沿江出现凌汛时也可发生春涝。有的地区又称之为桃花汛。

(2)夏季渍涝:由于中国的季风性气候雨量集中于夏季,以夏涝发生最多,以洪水为主,中国东部广大地区都可能发生。

(3)秋季渍涝:入秋后降雨减少,但东南沿海台风仍可带来暴雨成涝,中国中西部陕西中部到四川西部一带秋涝较多。

由于雨带取决于季风的推进,中国各地洪涝集中的月份不同。华南和东南沿海多台风洪涝发生时期较长,为5—9月,江南为5—7月,江淮为6—8月,北方为7—8月,关中和四川除夏涝外还有秋涝。

农田渍涝根据降水量的多少可划分划分为三个等级:小涝、中涝和大涝(表4.4)。

表4.4 渍涝等级标准

等级	1日雨量(毫米)	3日雨量(毫米)	5日雨量(毫米)	旬雨量(毫米)
小涝	80～149.9	150～249.9	200～249.9	350～399.9
中涝	150～199.9	250～299.9	250～299.9	400～499.9
大涝	≥200	≥300	≥300	≥500

4.4.2 农田渍涝的影响

尽管人类世世代代探求着根治水灾的良策,但即使在科学技术发达的今天,我国渍涝灾害带给人们的损失仍是有增无减。这种趋势与人类自身的活动密切相关:

(1)毁林开荒,森林剧减,使山区蓄水量减少。经测算10万亩森林蓄水量相当于一座库容200万立方米的水库,毁林开荒,使河流上游易形成洪峰;再则水土流失加重,使水库及河道下游淤积,降低它们的调洪防洪能力。

(2)城市化使不透水地面增加,加快了地表汇流速度,增大洪峰流量。

(3)围湖造田和泥沙淤积使湖泊面积锐减，大大削弱了湖泊调节洪峰的作用；

(4)随着人口压力的增大，盲目地向河滩争地，造成行洪不畅的局面，分滞洪区人口膨胀，洪水来时无法滞洪等。

(5)森林植被的人为破坏也是造成1998年长江特大洪水的重要原因。

四川省森林覆盖率由20世纪50年代的19%剧减到80年代的13.3%。长江流域水土流失面积从1949年以来的36万平方千米猛增到1989年的56万平方千米。自城陵矶到汉口235千米长的江段，从1966年到1986年20年内淤积泥沙2亿吨，河床抬高0.42米，四川省400多座水库因淤积变成沙库。洞庭湖近期每年淤积泥沙1.2亿吨，其中83.5%来自长江。自1949年以来湖底淤高1米。湖面每年减少54万平方千米，蓄水能力降低40%。所以说1998年特大洪水是自然界对人类破坏森林植被的报复。治水之本在于治山，治山之本在兴林。

4.4.3 农田渍涝的典型个例分析

1998年，我国的南方和北方均发生了历史罕见的洪涝灾害，影响范围广、持续时间长。南方的降水集中在长江一线，致使长江出现了1954年以来又一次全流域型的大洪水；东北的嫩江和松花江也出现了特大洪水。1998年，全国共有29个省(自治区、直辖市)遭受了不同程度的洪涝灾害。据有关部门统计，农田受灾面积2229万公顷(3.34亿亩)，成灾面积1378万公顷(2.07亿亩)，死亡4150人，倒塌房屋685万间，直接经济损失2551亿元。其中，江西、湖南、湖北、黑龙江、内蒙古、吉林等省(区)受灾最重。

2008年7月中旬末至8月上旬，安徽省颍上县连续普降大到暴雨，由于降雨集中、雨量大、时间短，加之外河水位顶托，致使当地部分洼地农田长时间积水，田间渍害严重，农作物受灾较重，尤其是焦岗湖流域部分农田积水面积迅速扩大，影响了农作物正常生长。

4.4.4 农田渍涝的防御措施

(1)加强渍涝灾害的天气预报,及时发布预警信息,尽早防范。

(2)及时清理沟渠。在灾害性天气来临前,做到沟渠相通,确保雨停水干。尤其是要及时排除地势低凹处的田间积水,增强植株根系的通气性。

(3)科学制定防洪规划。对于大江大河的洪涝,制定科学的防御计划,健全机构,加强管理和基础建设,建立洪水监测预警系统,实施防洪拦蓄疏浚排涝等重大水利工程,多方集资开展洪水保险。

(4)山区植树造林,保持水土,改善生态环境。

(5)开展农田基本建设,改良土壤,提高排涝和耐涝能力。

(6)调整农业结构,选用耐涝和适应多雨环境的作物和品种。

(7)推广抗涝栽培技术。

4.5 干热风

4.5.1 干热风的定义

干热风是一种复合的农业气象灾害,包括高温、低湿和风三个气象要素,但其中主导因子是热,其次是干。因为温度高,湿度低,加上风吹,是作物蒸腾加速,植株体内缺水,而引起的灾害。

4.5.2 干热风对农业生产影响

干热风是我国北方小麦生产上的重大气象灾害之一,对其他作物也有一定的危害,群众俗称为“火风”,多发生在5—7月。干热风是通过高温低湿的剧变和持续作用,造成了大量蒸发的条件,如未采取有效的防御手段,就会强烈破坏小麦的水分平衡和光合作用,导致对小麦植株体的胁迫伤害。具体来讲,干热风对小麦的危害,除了茎叶枯干、降低对光能的利用外,主要是缩短灌浆过程、降低千粒重,迫使小麦提前成熟。遇轻干热风的年份,可能减产5%～10%;重的年份,可能减产10%～20%,有时可达30%以上,而且影响小麦的品质及降低出粉率。

干热风灾害的类型主要有高温低湿型、雨后热枯型和旱风型3种：

高温低湿型　在小麦扬花灌浆过程均可发生。这类干热风的特征是高温低湿，干热风来临时气温猛升、空气湿度剧降，最高气温可达32℃以上，有时甚至达到37～38℃，最大增温16℃，相对湿度平均下降13%，最大急降57%，伴有一定的风力。这类干热风发生区域广，能造成小麦大面积干枯逼熟死亡，对产量威胁很大。

雨后热枯型　又称雨后青枯型或雨后枯熟型。一般发生于乳熟后期，即小麦成熟前10天左右。其主要特征是雨后出现高温低湿天气，即在高温的时段里，先有一次降水过程，雨后晴天，气温骤升（平均上升5℃，最大达8℃以上），空气湿度剧降（相对湿度平均下降21%，最大达44%），蒸腾强度平均增加26%，根系吸水力平均下降14%，导致细胞脱水，造成茎叶青枯死亡。这类干热风发生区域虽不及高温低湿型广泛，但所造成的危害却比前者更加严重。

旱风型　又称热风型。其特点是风速大，与一定的高温低湿相结合，对小麦的危害除了与高温低湿型相同外，大风还加强了大气的干燥程度，促进了农田蒸发，使麦叶卷缩，叶片撕裂。这种类型的干热风主要发生在新疆和西北黄土高原地区，干旱年份出现较多。

干热风按其影响强度可分为轻度和重度两种。北方麦区干热风的具体划分指标如表4.5。

表4.5　中国北方麦区干热风气象指标

麦区	区域	轻度干热风			重度干热风		
		T_m(℃)	U_{14}(%)	V_{14}(米/秒)	T_m(℃)	U_{14}(%)	V_{14}(米/秒)
冬麦	平原	≥32	≤30	≥2	≥33	≤25	≥3
	旱塬	≥30	≤30	≥3	≥33	≤25	≥4
春麦	河套	≥32	≤30	≥2	≥34	≤25	≥4
	河西	≥32	≤30	不定	≥35	≤25	不定
冬春	新疆	≥34	≤25	≥3	≥36	≤20	≥3

注：T_m为最高气温，单位：℃；U_{14}为14时空气相对湿度，单位：%；V_{14}为14时风速，单位：米/秒。

表 4.6 部分地区选用的干热风气象指标

地区	气象指标	
徐州	轻	14 时西南风 3～5 米/秒,14 时相对湿度 15%～40%,蒸发量 8～12.5 毫米/日
	中	14 时西南风或西北风 6～7 米/秒,14 时相对湿度 14%～35%,蒸发量 10～20 毫米/日
	重	14 时西北风＞8 米/秒,14 时相对湿度 10%～30%,蒸发量 10～25 毫米/日
山西	强	日最高气温≥34℃,日最小相对湿度≤20%,日蒸发量≥15 毫米,14 时风速≥3 米/秒
	中	日最高气温 32～34℃,日最小相对湿度≤25%,日蒸发量≥12 毫米,14 时风速≥2 米/秒
	弱	日最高气温 30～32℃,日最小相对湿度≤30%,日蒸发量≥10 毫米,14 时风速≥1 米/秒
山东	轻	日最高气温≥30℃,14 时饱和差≥30 百帕,14 时相对湿度≤20%
	重	日最高气温≥35℃,14 时饱和差≥40 百帕,14 时风速≥3 米/秒
河南	轻	14 时气温≥30℃,相对湿度≤30% ,风力＞3 级,持续 3 天以上
	重	14 时气温≥30℃,相对湿度≤25% ,风力＞3 级,西北风或西南风持续 3 天以上
河西走廊	6—7 月 2 天或其以上同时满足	日最高气温≥30℃,最高气温正距平≥2℃,干热风过程最高气温距平之和≥8℃ 每天 14 时相对湿度≤30%,过程 14 时相对湿度≤25% 每天 3～4 次定时观测中有一次以上的偏东风(14 时静风也可),日降水量≤0.0 毫米
新疆	6—7 月 2 天或其以上达到	弱:日最高气温 35～36℃,相对湿度 21%～25%,风速≥ 2.0 米/秒 中:日最高气温 36～42℃,相对湿度 10%～20%,风速≥ 2.0 米/秒 强:日最高气温＞42℃,相对湿度＜10%,风速≥ 2.0 米/秒

我国小麦干热风危害最严重的地区是西北沙漠外围海拔又不高的垦区。如甘肃河西走廊西部、南疆东部、北疆准噶尔盆地南缘等。新疆的若羌和托克逊每年都有发生,河西走廊的敦煌和安西每 10 年 3～4

遇。其次是黄淮平原，特别是太行山东侧经常因下沉气流绝热增温降湿。干热风更加强烈，冀中南、豫北、豫东、鲁西、鲁西北和山西临汾、侯马一带每10年5～7遇。南方的小麦收获较早，气温尚不高，很少发生干热风。高海拔地区的小麦灌浆期已经进入雨季，干热风也较少发生。

干热风发生时，只要土壤不缺水，轻度的干热风不会对灌浆产生明显不利，尤其是根系健壮水分充足时，植株蒸腾旺盛还可促进茎秆养分充分转移。但是，如果干热风很强，土壤已十分干旱而根系又衰弱的情况下，小麦失水过多，呼吸过旺，会导致植株提前枯黄甚至枯死。重度干热风一般会使千粒重下降3～5克，减产10%～15%。干热风危害小麦时具体表现为由芒尖和叶尖开始枯干，部分炸芒，叶片叶鞘和颖壳呈现为灰白色，一般以下午14时气温大于等于30℃，相对湿度小于等于30%，风速大于等于3米/秒为轻度干热风指标；以大于等于32℃，相对湿度小于等于25%，风速大于等于3米/秒为重度干热风指标。

4.5.3 干热风的典型个例分析

1964年，陕西关中地区小麦受干热风危害，产量减35%。1975年，甘肃武威和张掖地区春小麦因干热风，千粒重下降了8～10克。1982年北方麦区受干热风危害面积高达2.1万亩，占整个小麦播种面结的71%。1997年7月，内蒙古后山地区小麦受干热风危害，收获期提前十多天，千粒重下降近一成。

4.5.4 干热风的防御措施

干热风的防御方法很多，但从防御途径来看，可以归纳以下三种：

第一，生物防御措施(生态法)。

(1)营造农田防护林。农田营造防护林有降低温度、增加湿度、削弱风速和减少蒸发蒸腾的作用。由于林网能减弱干热风的强度，缩短干热风的持续时间，减少干热风出现频率，因此林网内小麦受害轻，生理活动正常进行，增产效果明显。

(2)实行桐、麦间作。冬小麦与泡桐间作有降低温度、增加湿度、削弱风速和减少蒸发的作用。因此实行桐麦间作能有效地防御或减轻干热风危害。

第二，农业技术措施(物理法)。

(1)选用抗干热风的小麦品种。选用抗干热风良种，合理搭配早、晚熟品种。如河西走廊干热风最多出现在7月中下旬，6月份出现干热风天气甚少，春小麦选用早熟、中早熟品种，一般即可以躲过干热风危害。

(2)适时播种、合理施肥，增强小麦的抗性，适时播种，可以培育壮苗，同时加强麦田管理，提高土壤蓄水、保肥能力，促使小麦根系发达，达到养根、扩叶，增强植株抗逆力。

(3)合理灌溉。通过灌溉保持适宜的土壤水分增加空气湿度，可以达到预防或减轻干热风危害。薄地和沙土地应尽量避免在大风和降雨天气中午烈日下浇灌。

(4)改革耕作、栽培技术。在干热风经常发生的地区，根据旱涝预报和气候规律，调整耕作制度和栽培技术，也能取得防避干热风的效果

第三，化学措施(化学法)。

这种方法是采用化学药剂或化学制品对小麦进行处理，通过改变小麦植株体内生化过程来抗御干热风。大体上可以分为两大类：

(1)一类是用氯化钙、复方阿斯匹林等药剂处理种子，促进小麦壮苗，增强小麦抗御干热风的能力。

(2)另一类是在小麦生育后期，在干热风来临之前，用石油助长剂、磷酸二氢钾、草木灰水、过磷酸钙、矮壮素等化学药剂喷洒叶面，通过增加钙、磷、钾、氮 、硼、有机酸等的含量和生长刺激素的作用，改善小麦的生理机能，提高小麦对干热风的抗性。

4.6 病虫害

4.6.1 病虫害的定义

病虫害是指危害各类作物的病害和虫害的总称。据不完全统计，我国危害农作物的主要病害有724种，虫害有833种。病虫害造成的

潜在损失，粮食作物占5%，棉花为24%，蔬菜和水果约为20%～30%。20世纪50年代以来，我国的病虫害呈现为加重的发展趋势。到本世纪初，我国各类病虫害发生面积达到50多亿亩。

作物病害分为侵染性和非侵染性两类。侵染性病害又叫传染性病害，是由病原微生物(简称病原体)所致，如细菌、真菌、病毒、线虫等；非侵染性病害是由非生物因子引起，如高温或低温伤害、旱涝、污染等。两类病害常常互为因果，已经患侵染性病害的植株，对外界不利条件的抵抗力下降，就非常易患非侵染性病害；反之亦然。有些病害在一年中或一个生长季节内能多次侵染作物，有些病害一年或多年才流行一次。

虫害通过直接取食植物和传播病害两种方式危害作物。影响虫害发生发展和危害程度的环境因素主要是气象条件、食物及其天敌。蝗虫是人类也是我国历史上危害最大的虫害。此外，稻飞虱、赤霉病、黏虫、菌核病等都是对作物危害很大的虫害。

4.6.2 病虫害对农业生产影响

4.6.2.1 稻飞虱对水稻的危害

稻飞虱属同翅目，稻虱科。稻飞虱种类很多，分布广，但在我国以白背飞虱和褐飞虱迁入危害为主，其中第四、五代为主要危害。危害特点：来时猛，发展快，对水稻增产威胁大。水稻受害初期茎秆上呈现许多不规测的棕褐色斑点，当危害严重时，禾丛基部黑褐色，渐渐全株枯萎。被害稻田常先在田中间出现“黄塘”(穿顶)。逐渐扩大成片，严重时造成全田荒枯。稻飞虱常在水稻生长中后期大量发生危害，水稻孕穗期受害后往往不能出穗或者形成“包颈”的空粒穗；抽穗后被害，则影响谷粒的饱满度，千粒重减轻，瘪谷率增加，造成严重减产。水稻生长茂盛，贪青晚熟的稻田往往受害较重。若虫与成虫，均喜阴湿。群集于稻丛基部吸食稻株汁液，并从唾液腺分泌有毒物质(酚类物质和多种水解酶)，引起稻株中毒萎缩。稻飞虱在产卵时，其产卵器能划破水稻茎秆和叶片组织，使稻株丧失水分。稻飞虱分泌物还常招致霉菌滋生，影响水稻光合作用和呼吸作用。稻飞虱一般危害产量损失2～3成，严重危害产量损失3～5成，甚至绝收。

4.6.2.2 小麦赤霉病的危害

小麦赤霉病俗称“烂头麦”，是世界性的小麦病害之一。我国各地均有发生，其中，淮河以南和长江流域麦区是麦类赤霉病发生最严重的地区，包括江苏、江西、安徽、浙江、湖南、湖北和四川等省。在江苏淮河以南地区麦类赤霉病一般 3～5 年大流行一次，2～3年中度以上程度流行一次。在麦类作物整个生长季节里，赤霉病都可危害，造成苗枯、茎腐、茎基腐和穗腐，最常见的是穗腐。麦穗受害后，在穗缝处和小穗茎部长出粉红或橘红色的霉状物，因此称赤霉病。麦粒变的皱缩干瘪，品质低劣，出粉率降低。

麦类作物受赤霉病危害后，不仅产量锐减，而且还会产生许多次生危害。用发病的小麦作种子，出苗率大大降低，甚至根本出不了苗。储藏时，如果仓库中的湿度超过标准，赤霉病菌还能继续侵染而导致整仓小麦腐烂。另外，发病的小麦含有致呕毒素和类雌性毒素，人过量食用，常引起头昏、发热、呕吐和腹泻等中毒症状，牲畜饲料含有 10％的病粒，就会出现食欲减退和腹泻等中毒现象。

麦类作物赤霉病的发生流行，同天气、菌源数量、寄主生育期等因素密切有关。在南方稻麦两作区，如早春气温回升快，雨水足，稻桩中病菌子囊壳形成早而多，菌源数量大，加之小麦抽穗扬花期又遇上连续阴雨天气，在菌源、天气、寄主生育期三者相吻合的条件下，则病害(穗腐)会大流行。

4.6.2.3 玉米黏虫的危害

玉米黏虫为迁飞性、暴食性害虫，为当前玉米苗期的主要害虫之一。黏虫食性很杂，尤其喜食玉米叶片，使之形成缺刻，大发生时常将叶片吃光，而在暴发生年份，幼虫成群结队迁移时，几乎所有绿色作物被掠食一空，造成大面积减产或绝收。仅剩光秆，造成绝收。

玉米黏虫的危害特点　黏虫繁殖力强，产卵部位有选择性，在玉米、高粱等高秆作物上卵多产在枯叶尖部位。幼虫孵化后，集中在喇叭口内取食嫩叶叶肉，3 龄食叶成缺刻，5 龄食量最大，可将叶片吃光。在玉米上多栖息在喇叭口、叶腋和穗部苞叶中。有假死性，3 龄后有自残现象,4 龄以上能群集迁移扩大危害。幼虫取食活动以傍晚、清晨及阴雨天最盛。成虫喜取食蜜源植物,对黑光灯和糖醋酒混合液有很强趋性。黏虫喜温暖高湿条件。降雨一般有利于发生,但大雨、暴雨和短时间的低温,不利于成虫产卵。生长茂密、地势低、杂草多的玉米田发生重。

4.6.2.4　油菜菌核病的危害

油菜是我国主要的油料作物,油菜菌核病是油菜生产中的重要病害之一,常年株发病率高达 10%～30%,严重的达 80%以上;病株一般减产 10%～70%。

症状　我国冬、春油菜栽培区均有发生,长江流域、东南沿海的油菜受害较重。整个生育期均可发病,结实期发生最重。茎、叶、花、角果均可受害,茎部受害最重。茎部染病初现浅褐色水渍状病斑,后发展为具轮纹状的长条斑,边缘褐色。湿度大时,表生棉絮状白色菌丝,偶见黑色菌核,病茎内髓部烂成空腔,内生很多黑色鼠粪状菌核。病茎表皮开裂后,露出麻丝状纤维,茎易折断,致病部以上茎枝萎蔫枯死。叶片染病初呈不规则水浸状,后形成近圆形-不规则形病斑,病斑中央黄褐色,外围暗青色,周缘浅黄色,病斑上有时轮纹明显,湿度大时长出白色棉毛状菌丝,病叶易穿孔。花瓣染病,初呈水浸状,渐变为苍白色,后腐烂。角果染病,初现水渍状褐色病斑,后变灰白色,种子瘪瘦,无光泽。

传播途径和发病条件:病菌主要以菌核混在土壤中或附着在采种株上、混杂在种子间越冬或越夏。我国南方冬播油菜区 10—12 月有少数菌核萌发,使幼苗发病,绝大多数菌核在翌年 3—4 月间萌发,产生子囊盘。北方油菜区则在 3—5 月间萌发。子囊孢子成熟后从子囊里弹出,借气流传播,侵染衰老的叶片和花瓣,长出菌丝体,致寄生组织腐烂变色。病菌从叶片扩展到叶柄,再侵入茎秆,也可通过病菌接触或黏附进行重复侵染。生长后期又形成菌核越冬或越夏。菌丝生长发育和菌核形成适温 0～30℃,最适温度 20℃,最适相对湿度 85%以上。菌核可不休眠,5～20℃及较高的土壤湿度即可萌发,其中以 15℃最适。在潮湿土壤中菌核能存活 1 年,干燥土中可存活 3 年。子囊孢子 0～35℃均可萌发,但以 5～10℃为适,萌发经 48 小时完成。生产上在菌核数量大时，病害发生流行取决于油菜开花期的降雨量，旬降雨量超过50毫米，发病重；小于30毫米，则发病轻；低于10毫米，难于发病。此外连作地或施用未充分腐熟有机肥、播种过密、偏施、过施氮肥易发病。地势低洼、排水不良或湿气滞留、植株倒伏、早春寒流侵袭频繁或遭受冻害发病重。

4.6.3 病虫害的典型个例分析

稻飞虱是危害中国水稻生产的重要迁飞性害虫，每年春、夏季随东亚季风区西南气流迁入中国南方稻区繁殖为害，并随着副高北移等天气活动逐步向北迁飞至长江流域、江淮及北方稻区发生为害。2005年，受雨水偏多、副高偏强、热带风暴频繁等多种因素影响，给全国水稻造成了严重的危害。

2005年早稻及一季中稻生长前中期以白背飞虱为主要种群，华南南部偏重发生，华南北部、江南南部、西南稻区中南部大发生，江南北部、长江流域灯下和田间虫量上升迅速；一季中稻生长后期、单季晚稻中后期及双季晚稻生长期间逐渐变化为以褐飞虱为主要种群，江南大部、长江流域、江淮南部稻区大发生，为害程度为近20年来最重的一年。发生特点表现为：迁入始见期与常年相当、迁入峰出现早，迁入峰次多、迁入量大，褐飞虱比例高较前两年明显，田间虫量上升迅猛、为害期延长，部分地区危害损失严重。

灯下迁入情况：华南、江南南部早稻区和西南单季中稻区3月下旬、4月上旬灯下陆续见虫，迁入始见期与上年相当，并于4月中旬～6月中旬出现了多次较大的迁入峰，迁入量普遍偏高，华南、西南大部是2004年同期的1～3倍，江南、西南中部是2004年同期的3～5倍。华南北部、江南中南部、西南中部等稻区均出现了万头以上的迁入峰。如6月上中旬，广西灵川、永福、福建顺昌、泰宁单灯诱虫量分别达9.3、6.6、3.0、5.0万头；江西中南部6月8—12日，每日灯下虫量均在1000头以上后，6月20—24日再次出现大范围迁入，泰和、井冈山单灯诱虫量分别达15和5.5万头；贵州平塘县5月27日～6月3日峰期虫量28.14万头，为历年同期之最。长江流域、江淮稻区6月份开始陆续迁入，比常年早5～7天，6月中旬、下旬和7月上中旬分别出现了迁入峰，大部虫量是2004年同期的2～3倍。8、9月份受多次台风影响，长江流域以南大部稻区灯下虫峰和虫量明显多于常年，并持续至10月上、中旬。

种群动态变化：早、中稻生长期间，灯下和田间以白背飞虱为主，占80%以上；7月份褐飞虱种群密度开始上升，至8月份达50%以上；9月份大部稻区以褐飞虱种群为主，大部达60%～70%，长江流域、江南稻区部分地区高达90%以上；10月份大部稻区以褐飞虱为主，一般在80%以上。

田间发生情况：华南、江南南部早稻及西南单季中稻生长期间，由于稻飞虱迁入峰次多、迁入量大，田间小气候对其发生繁殖有利，大部发生达到或超过防治指标，华北北部、江南南部、西南稻区中南部大部百丛虫量在3000头以上，局部高达几万头。6月上中旬各地组织防治后，虫口密度仍然较高，大部百丛虫量仍达2000～3000头，部分高的达5000～10000头。

江南北部、长江流域稻区7月中旬田间虫量开始激增，江南北部、长江中游部分地区于7月底即达到了防治指标，8月中、下旬江南北部、长江流域中游百丛虫量一般2000～3000头，长江下游稻区也达到了1000头以上，并出现了大量短翅型成虫。9月上旬开始，以褐飞虱为主，田间种群数量急剧上升，一般百丛虫量达5000头以上，并持续到10月中旬。田间虫卵量之高、为害期之长、危害之重，为近20年来之最。华南、江南双季晚稻区8月下旬稻飞虱田间虫量开始上升，9月中、下旬大部百丛达2000～3000头，并维持高虫量至10月中、下旬。

4.6.4 病虫害的防御措施

4.6.4.1 稻飞虱的防御措施

(1)选用抗虫良种。目前推广的杂交稻抗褐飞虱的组合有：籼优10，威优64，籼优64，籼优桂33，籼优桂8，威优35，籼优56，新优6号，籼优1770等。常规稻抗褐飞虱的品种有：665，南京14，丙1067，嘉45等。

(2)健身栽培。主要指合理密植,实行配方施肥,浅水灌溉。

(3)保护天敌。蜂蛛、黑肩绿盲蝽和多种缨小蜂均为稻飞虱的重要天敌,在多种农事操作中要加以保护,不要使用剧毒农药如甲胺磷、久效磷等。

(4)选择对路药剂,科学防治。卵孵盛期防治,每亩可选用25%扑虱灵80克兑水45～60千克喷雾;低龄若虫期防治,每亩可选用5%锐劲特50毫升,或40%毒死蜱(48%乐斯本)100～120毫升兑水45～60千克喷雾;田间虫卵量复杂,每亩可选用25%扑虱灵80克+40%毒死蜱(48%乐斯本)100～120毫升兑水45～60千克喷雾;无水田块每亩可选用80%敌敌畏300毫升拌毒土15～20千克撒施。稻田不得使用菊酯类农药和高毒有机磷农药,慎用三唑磷,以防止刺激褐飞虱产卵增殖。

(5)掌握施药技术,努力提高防治效果。每亩用水量手动喷雾器不少于40千克,机动喷雾器不少于15千克;施药时对准稻株基部;施药后田间保持一寸深水层5天以上。要在下午4时以后或早上9时以前施药;使用敌敌畏拌毒土熏蒸,要赶在中午撒施,以提高防效。

4.6.4.2 小麦赤霉病的防治

应采取以消灭菌源为前提,以抗病品种为基础,加强栽培管理,根据测报实行化学防治为保证的综合防治措施。具体应抓好如下环节:

(1)消灭越冬菌源 清除田间稻麦桩、玉米秸秆等病残体;并结合防治黑穗病等进行播前种子消毒。

(2)因地制宜选用抗(耐)病高产良种 苏麦2号、3号,湘麦1号,西农88、881,新宝丰,皖麦27号,郑引1号、红芒22,粤麦6号,万年2号,宁8026、8017等表现较抗(耐)病,各地可因地制宜引种、试种。

(3)加强栽培管理 因地制宜调整播期;配方施肥,增施磷钾,勿偏施氮肥;整治排灌系统,降低地下水位,防止根系早衰。

(4)加强测报,抓住关键时期喷药保护 应按当地小麦抽穗前后的天气、苗情和病情进行合理安排,以抓好首次施药保穗为重点。首次施药应掌握在齐穗开花期,喷药2～3次,隔7天一次。可选用50%多菌灵,70%托布津,45%三唑酮福美双或40%三唑酮多菌灵1000～1500

倍液喷雾。

4.6.4.3 玉米黏虫的防御措施

(1)在南方,黏虫可顺利越冬地区压缩小麦种植面积,可压低越冬代及一代虫源数量,秋季在玉米、高粱等高秆作物田结合中耕培土,锄草灭荒,对控制三代黏虫效果明显。

(2)诱杀成虫。从黏虫成虫羽化初期开始,用糖醋液或黑光灯或枯草把可大面积诱杀成虫或诱卵灭卵。

(3)药剂防治。在玉米、高粱苗期百株有幼虫20~30头,或玉米生长中后期百株有幼虫50~100头时,就应施药防治。在幼虫3龄以前,每公顷用灭幼脲1号有效成分15~30克,或灭幼脲3号有效成分5~10克,加水后常量喷雾或超低容量喷雾,田间持效期可达20天。也可用90%敌百虫1000倍液或80%敌敌畏1000倍液,或50%锌硫磷乳油1500倍液,或25%氧乐氰乳油2000倍液均匀喷雾。

(4)生态防治。黏虫天敌有蛙类、鸟类、蝙蝠、蜘蛛、线虫、螨类、捕食性昆虫、寄生性昆虫、寄生菌和病毒等多种。其中步甲可捕食大量黏虫幼虫,黏虫寄蝇对一代黏虫寄生率较高。麻雀、蝙蝠可捕食大量黏虫成虫,瓢虫、食蚜虻和草蛉等可捕食低龄幼虫,各地可根据当地情况注意保护利用。

4.6.4.4 油菜菌核病的防御措施

(1)实行稻油轮作或旱地油菜与禾本科作物进行两年以上轮作,可减少菌源。

(2)多雨地区推行窄厢深沟栽培法,利于春季沥水防、渍,雨后及时排水,防止湿气滞留。

(3)选用抗、耐病品种。如秦油2号,中双4号,蓉油3号,江盐1号,豫油2号,滁油4号,甘油5号,皖油12号、13号,核杂2号,赣油13、14号,油研7号,黔油双低2号,青油14号,821,81004等。

(4)播种前进行种子处理,用10%盐水选种,汰除浮起来的病种子及小菌核,选好的种子晾干后播种。

(5)每年9月选好苗床,培育矮壮苗,适时换茬移栽,做到合理密植，杂交油菜栽植10000～12000株/亩。

(6)采用配方施肥技术。提倡施用酵素菌沤制的堆肥或腐熟有机肥，避免偏施氮肥，配施磷、钾肥及硼锰等微量元素，防止开花结荚期徒长、倒伏或脱肥早衰，及时中耕或清沟培土，盛花期及时摘除黄叶、老叶，防止病菌蔓延，改善株间通风透光条件，减轻发病。

(7)药剂防治。稻油栽培区重点抓两次防治。第一次，在子囊盘萌发盛期在稻茬油菜田四周田埂上喷药，杀灭菌核萌发长出的子囊盘和子囊孢子。第二次，在3月上、中旬油菜盛花期，在一、二类油菜田喷80%多菌灵超微粉1000倍液或40%多硫悬浮剂400倍液，7天后进行第二次防治。此外，还可选用12.5%治萎灵水剂500倍液或40%治萎灵粉剂1000倍液、50%复方菌核净可湿性粉剂1000倍液、50%速克灵可湿性粉剂2000倍液、50%扑海因可湿性粉剂1500倍液、50%农利灵可湿性粉剂1000倍液、50%甲基硫菌灵500倍液、20%甲基立枯磷乳油1000倍液。也可用菜丰宁100克兑水15～20升，把油菜的根在药水中浸蘸一下后定植。提倡施用真菌王肥200时，与50%防霉宝(多菌灵盐酸盐)600克混合加水60升，于初花末期防治油菜菌核病，防效达85%。也可在油菜盛花初期喷洒20%防霉宝缓释微胶囊剂每亩用药40克，防效优于多菌灵、赤霉清等。

(8)生物防治。用盾壳霉和木霉，进行防治，效果较好，有希望推广。

5 特殊天气现象的观测记录

5.1 雪

5.1.1 定义

在地球上,水是不断循环运动的,海洋和地面上的水受热后蒸发到天空中,这些水汽又随着风运动到别的地方,当它们遇到冷空气就形成降水又重新回到地球表面。降水分为液态降水(下雨)和固态降水(下雪或下冰雹等)两种。雪是固态降水中的一种最主要的形式,雪大多是白色不透明的六出分枝的星状、六角形片状结晶,常缓缓飘落,强度变化较缓慢。温度较高时多成团降落。冬季我国许多地区的降水,是以雪的形式出现的。

降雪天气现象又可以分为雨夹雪、雪籽、雪等三类,并根据能见度或雪量可分为小雪、中雪、大雪、暴雪。

小雪:能见度在1000米以上,12小时内降雪量小于1.0毫米(折合为融化后的雨水量,下同)或24小时内降雪量小于2.5毫米的降雪过程。

中雪:能见度在500～1000米,12小时内降雪量1.0～3.0毫米或24小时内降雪量2.5～5.0毫米或积雪深度达3厘米的降雪过程。

大雪:能见度在500米以内,12小时内降雪量3.0～6.0毫米或24小时内降雪量5.0～10.0毫米或积雪深度达5厘米的降雪过程。

暴雪:能见度在100米以内,12小时内降雪量大于6.0毫米或24小时内降雪量大于10.0毫米或积雪深度达8厘米的降雪过程。

5.1.2 观测与记录

在降雪时，应当按照雪、雨夹雪、雪籽的分类进行观测和记录，同时记录下降雪开始和停止的时间，并通过目测确定降雪的量级，可进行一些适当的降雪现象描述。当地面出现积雪时，应当观测积雪的深度。在有积雪的日子，每天需测量积雪深度。测量方法为将量雪尺(可以是带有厘米刻度的米尺)垂直地插入雪中到地表为止(勿插入土中)，依据雪面所遮掩尺上的刻度线，读取雪深的厘米整数，小数四舍五入。使用普通米尺时，若尺的零线不在尺端，雪深值应注意加上零线至尺端距离的相当厘米数值。雪深的测量应选择在无障碍遮挡、地面平整的 3 个地点分别测量，每个地点间隔约 10 米，最后平均而得。观测时间一般在每天上午 8 时，根据需要随时增加观测次数。若地面有积雪但比较零散，积雪深度无法测量时，应记录“有积雪，雪深为 0”。积雪观测时必须记录积雪深度，以厘米为单位。

5.2 冰雹

5.2.1 定义

冰雹和雨、雪都是从云里掉下来的。不过下冰雹的云是一种发展十分强盛的积雨云，而且只有发展特别旺盛的积雨云才可能下冰雹。

积雨云和各种云一样都是由地面附近空气上升凝结形成的。空气从地面上升，在上升过程中气压降低，体积膨胀，如果上升空气与周围没有热量交换，由于膨胀消耗能量，空气温度就要降低，这种温度变化称为绝热冷却。根据计算，在大气中空气每上升 100 米，因绝热变化会使温度降低 1℃左右。我们知道在一定温度下，空气中容纳水汽有一个限度，达到这个限度就称为“饱和”，温度降低后，空气中可能容纳的水汽量就要降低。因此，原来没有饱和的空气在上升运动中由于绝热冷却可能达到饱和，空气达到饱和之后过剩的水汽便附着在飘浮于空中的凝结核上，形成水滴。当温度低于 0℃时，过剩的水汽便会凝华成细小的冰晶。这些水滴和冰晶聚集在一起，飘浮于空中便成了云。

大气中有各种不同形式的空气运动，形成了不同形态的云。因对流运动而形成的云有淡积云、浓积云和积雨云等。人们把它们统称为积状云。它们都是一块块孤立向上发展的云块，因为在对流运动中有上升运动和下沉运动，往往在上升气流区形成了云块，而在下沉气流区就成了云的间隙，有时可见蓝天。

图 5.1 冰雹云

（引自新疆气象网 http://www.xjqx.cn/syzb/syzb.aspx）

积状云因对流强弱不同形成各种不同云状，它们的云体大小悬殊。如果云内对流运动很弱，上升气流达不到凝结高度，就不会形成云，只有干对流。如果对流较强，可以发展形成浓积云，浓积云的顶部像花椰菜，由许多轮廓清晰的凸起云泡构成，云厚可以达 4～5 千米。如果对流运动很猛烈，就可以形成积雨云，云底黑沉沉，云顶发展很高，可达 10 千米左右，云顶边缘变得模糊起来，云顶还常扩展开来，形成砧状。一般积雨云可能产生雷阵雨，而只有发展特别强盛的积雨云，云体十分高大，云中有强烈的上升气体，云内有充沛的水分，才会产生冰雹，这种云通常也称为冰雹云。

冰雹云是由水滴、冰晶和雪花组成的。一般为三层：最下面一层温度在0℃以上，由水滴组成；中间温度为0℃～－20℃，由过冷却水滴、冰晶和雪花组成；最上面一层温度在－20℃以下，基本上由冰晶和雪花组成。

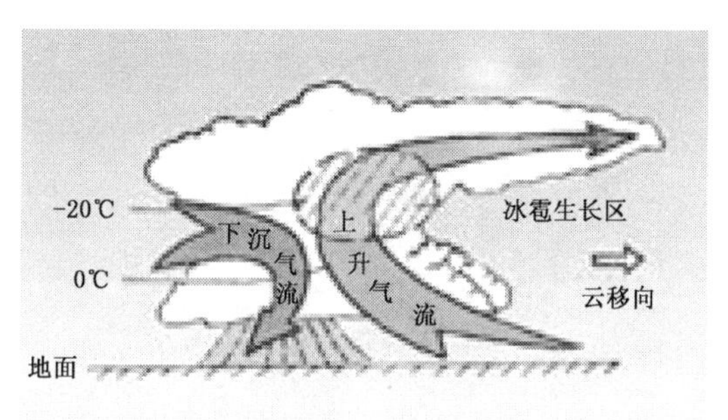

图5.2　冰雹云内气流分布

(引自中国天气网 http://www.weather.com.cn/static/html/article/20080704/8684.shtml)

在冰雹云中气流是很强盛的，通常在云的前进方向，有一股十分强大的上升气流从云底进入又从云的上部流出。还有一股下沉气流从云后方中层流入，从云底流出。这里也就是通常出现冰雹的降水区。这两股有组织上升与下沉气流与环境气流连通，所以一般强雹云中气流结构比较持续。强烈的上升气流不仅给雹云输送了充分的水汽，并且支撑冰雹粒子停留在云中，使它长到相当大才降落下来。

在冰雹云中冰雹又是怎样长成的呢？在冰雹云中强烈的上升气流携带着许多大大小小的水滴和冰晶运动着，其中有一些水滴和冰晶并合冻结成较大的冰粒，这些粒子和过冷水滴被上升气流输送到含水量累积区，就可以成为冰雹核心，这些冰雹初始生长的核心在含水量累积区有着良好生长条件。雹核A在上升气流携带下进入生长区后，在水量多、温度不太低的区域与过冷水滴碰并，长成一层透明的冰层，再向上进入水量较少的低温区，这里主要由冰晶、雪花和少量过冷水滴组成，雹核与它们粘并冻结就形成一个不透明的冰层。这时冰雹已长大，

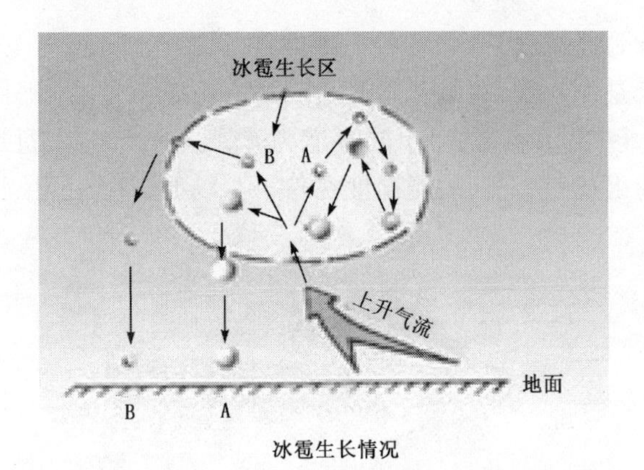

图 5.3 冰雹云生长情况

(引自中国天气网 http://www.weather.com.cn/static/html/article/20080704/8684.shtml)

而那里的上升气流较弱，当它支托不住增长大了的冰雹时，冰雹便在上升气流里下落，在下落中不断地并合冰晶、雪花和水滴而继续生长，当它落到较高温度区时，碰并上去的过冷水滴便形成一个透明的冰层。这时如果落到另一股更强的上升气流区，那么冰雹又将再次上升，重复上述的生长过程。这样冰雹就一层透明一层不透明地增长；由于各次生长的时间、含水量和其他条件的差异，所以各层厚薄及其他特点也各有不同。最后，当上升气流支撑不住冰雹时，它就从云中落下来，成为我们所看到的冰雹了。

5.2.2 冰雹的观测与记录

冰雹的观测分为两部分，即冰雹天气现象的观测和最大冰雹直径的测量。冰雹一般出现在强雷暴天气中，因此在出现强雷暴天气时应特别注意是否有冰雹的出现，对冰雹天气现象要采用描述性文字予以记录。最大冰雹直径是指观测人员所见到的最大冰雹的最大直径，以毫米为单位，取整数。当最大冰雹的最大直径大于 10 毫米时，应同时测量冰雹的最大平均重量，以克为单位，取整数，其测量方法是挑拣几个最大和较大的冰雹，用秤直接称出重量，除以冰雹数目即得冰雹的最大平均重量。或者将所拣冰雹放入量杯中，待冰雹融化后，算出水的重量，除以冰雹数目就是冰雹的最大平均重量。

对冰雹天气现象的描述记录，如记录“冰雹大小不一，最大直径据测量有 50 毫米，冰雹砸破了雨棚”，诸如此类。同时在冰雹观测中一般必须记录最大冰雹直径，用毫米为单位，记录观测时间、发生时间。

5.3 大风、龙卷

5.3.1 定义

瞬时风速达到或超过 17.2 米/秒（或目测估计风力达到或超过 8 级）的风称为大风。我国绝大多数地区大风出现在春季或冬季，夏季是全年大风日数最少的季节。对我国危害最大的大风，按形成原因可分为寒潮大风、雷暴大风、台风、龙卷风等四类。

图 5.4 龙卷风（引自张海峰，2008）

其中龙卷是一种小范围的强烈旋风，从外观看，是从积雨云底盘旋下垂的一个漏斗状云体。有时稍伸即隐或悬挂空中；有时触及地面或水面，旋风过境，对树木、建筑物、船舶等均可能造成严重破坏。龙卷风是在极不稳定天气下由空气强烈对流运动而产生的，由雷暴云底伸展至地面的漏斗状云(龙卷)产生的强烈的旋风,其风力可达 12 级以上,最大可达 100 米/秒以上,一般伴有雷雨,有时也伴有冰雹。空气绕龙卷的轴快速旋转,受龙卷中心气压极度减小的吸引,近地面几十米厚的一薄层空气内,气流被从四面八方吸入涡旋的底部。并随即变为绕轴心向上的涡流,龙卷中的风总是气旋性的,其中心的气压可以比周围气压低 10%。

龙卷风是一种伴随着高速旋转的漏斗状云柱的强风涡旋。龙卷风中心附近风速可达 100～200 米/秒,最大 300 米/秒,比台风近中心最大风速大好几倍。中心气压很低,一般可低至 400 百帕,最低可达 200 百帕。它具有很大的吸吮作用,可把海(湖)水吸离海(湖)面,形成水柱,然后同云相接,俗称“龙取水”。由于龙卷风内部空气极为稀薄,导致温度急剧降低,促使水汽迅速凝结,这是形成漏斗云柱的重要原因。漏斗云柱的直径,平均只有 250 米左右。龙卷风产生于强烈不稳定的积雨云中。它的形成与暖湿空气强烈上升、冷空气南下、地形作用等有关。它的生命史短暂,一般维持十几分钟到一小时,但其破坏力惊人,能把大树连根拔起,建筑物吹倒,或把部分地面物卷至空中。江苏省每年几乎都有龙卷风发生,但发生的地点没有明显规律。出现的时间,一般在六七月间,有时也发生在 8 月上、中旬。

5.3.2　观测和记录

发生大风或龙卷时可根据下表目测确定风力等级,记录发生的起止时间,并增加适当的情况描述。大风的起止时间,凡两段出现的时间间歇在 15 分钟或以内时,应作为一次记载;若间歇时间超过 15 分钟,则另记起止时间。

表 5.1　风力等级表

等级	名称	速度(米/秒)	现象
1 级	软风	0.3～1.5	烟能表示风向
2 级	轻风	1.6～3.3	人面感觉有风,树叶有微响
3 级	微风	3.4～5.4	树的微枝摇动不息,旗帜展开

续表

等级	名称	速度(米/秒)	现象
4 级	和风	5.5～7.9	能吸起地面灰尘和纸张,树的小枝摇动
5 级	轻劲风	8.0～10.7	有枝的小树摇摆,内陆水面有小波
6 级	强风	10.8～13.8	大树枝摇动,电线呼呼有声,举伞困难
7 级	疾风	13.9～17.1	全树摇动,大树枝弯下,迎风步行不便
8 级	大风	17.2～20.7	折毁树枝,人向前行走感觉阻力很大
9 级	烈风	20.8～24.4	烟囱及平房顶受到损失,小屋遭受破坏
10 级	狂风	24.5～28.4	陆上少见,可使树木拔起或将建筑物摧毁
11 级	暴风	28.5～32.6	陆上很少,有则重大毁坏
12 级	飓风	32.7～36.9	陆上绝少,其摧毁力极大
13 级		37.0～41.4	
14 级		41.5～46.1	
15 级		46.2～50.9	
16 级		51.0～56.0	
17 级		56.1～61.2	

5.4　雨凇、雾凇

5.4.1　定义

雨凇是过冷却液态降水碰到地面物体后直接冻结而成的坚硬冰层,呈透明或毛玻璃状,外表光滑或略有隆突。俗称“树挂”,也叫冰凌、树凝。雨凇比其他形式的冰粒坚硬、透明而且密度大(0.85 克/立方厘米),和雨凇相似的雾凇密度却只有 0.25 克/立方厘米。雨凇的结构清晰可辨,表面一般光滑,其横截面呈楔状或椭圆状,它可以发生在水平面上,也可发生在垂直面上,与风向有很大关系,多形成于树木的迎风面上,尖端朝风的来向。根据它们的形态分为梳状雨凇、椭圆状雨凇、匣状雨凇和波状雨凇等。

图 5.5 雨凇

雾凇是空气中水汽直接凝华,或过冷却雾滴直接冻结在物体上的乳白色冰晶物,常呈毛茸茸的针状或表面起伏不平的粒状,多附在细长的物体或物体的迎风面上。雾凇层由小冰粒构成,在它们之间有气孔,这样便造成典型的白色外表和粒状结构。由于各个过冷水滴的迅速冻结,相邻冰粒之间的内聚力较差,结构较松脆,受震易塌落并从附着物上脱落。被过冷却云环绕的山顶上最容易形成雾凇,它也是飞机上常见的冰冻形式,在寒冷的天气里泉水、河流、湖泊或池塘附近的蒸气雾也可形成雾凇。雾凇是受到人们普遍欣赏的一种自然美景,但是它有时也会成为一种自然灾害。严重的雾凇有时会将电线、树木压断,造成损失。雾凇出现最多的地方是吉林省的长白山,年平均出现 178.9 天,最多的年份有 187 天。吉林市位于松花江岸,雾凇仪态万方、独具风韵的奇观,让络绎不绝的中外游客赞不绝口,以致号称为中国四大自然奇观之一。

5.4.2 观测和记录

目测地面或物体上产生雨凇或雾凇，记录下起止时间，同时通过目测或测量记录雨凇或雾凇厚度。

5.5 电线积冰

5.5.1 电线积冰的定义

雨凇、雾凇凝附在导线上或湿雪冻结在导线上的现象，称为电线积冰。要注意的是，附着在导线上的霜、干雪花和黏附的雨滴，或因气温下降至零下而冻结少量的冰，都不作为电线积冰。

图 5.6 电线积冰

5.5.2 电线积冰的观测和记录

从导线上开始形成积冰起，到积冰消失止，称为一次积冰过程。电线积冰发生时可记录每一次积冰过程的最大直径和厚度，以毫米为单位，取整数。有条件时，可截取单位长度电线积冰，称取重量，计算单位长度电线积冰的重量。

进入积冰季节，应注意观察周围电线导线上有无积冰形成。当积冰开始形成时，要记录当日的电线积冰，分方向记载冻结现象和开始时间；积冰完全消失，应记下终止时间。冻结现象为雾凇者，记雾凇冻结；为雨凇时记雨凇冻结，湿雪时记湿雪冻结。前后两者同时形成时，则并记两种并分别记录其起止时间。

5.6 雷电

5.6.1 定义

雷电现象一般有雷暴、闪电、极光等三种。

雷暴：为积雨云中、云间或云与地面之间产生的放电现象。表现为闪电兼有雷声，有时也可能只听见雷声而看不见闪电。可根据大气的不稳定性及不同层次里的相对风速把雷暴分为单体雷暴、多单体雷暴及超级单体雷暴三种。

闪电：为积雨云云中、云间或云与地面之间产生放电时伴随的电光。但不闻雷声。根据形状闪电可分为线状闪电、带状闪电、球状闪电、联珠状闪电。

极光：在高纬度地区（中纬度地区也可偶见）晴夜见到的一种在大气高层辉煌闪烁的彩色光弧或光幕。亮度一般像满月夜间的云。光弧常呈向上射出活动的光带，光带往往为白色稍带绿色或翠绿色，下边带淡红色；有时只有光带而无光弧；有时也呈振动很快的光带或光幕。

雷电现象是由雷云（带电的云层）对地面建筑物及大地的自然放电引起的，它会对建筑物或设备产生严重破坏。因此，对雷电的形成过程及其放电条件应有所了解，从而采取适当的措施，保护建筑物不受雷击。

在天气闷热潮湿的时候，地面上的水受热变为蒸汽，并且随地面的受热空气而上升，在空中与冷空气相遇，使上升的水蒸气凝结成小水滴，形成积云。云中水滴受强烈气流吹袭，分裂为一些小水滴和大水滴，较大的水滴带正电荷，小水滴带负电荷。细微的水滴随风聚集形成了带负电的雷云；带正电的较大水滴常常向地面降落而形成雨，或悬浮在空中。由于静电感应，带负电的雷云，在大地表面感应有正电荷。这样雷云与大地间形成了一个大的电容器。当电场强度很大，超过大气的击穿强度时，即发生了雷云与大地间的放电，就是一般所说的雷击。

同时，气流在雷雨云中会因为水分子的摩擦和分解产生静电，正负电荷会相互吸引，就像磁铁一样，正电荷在云的上端，负电荷在云的下端吸引地面上的正电荷。云和地面之间的空气都是绝缘体，会阻止两极电荷的电流通过，当雷雨云里的电荷和地面上的电荷变得足够强时，两部分的电荷会冲破空气的阻碍相接触形成强大的电流，正电荷与负电荷就此相接触，当这些异性电荷相遇时便会产生中和作用（放电）。激烈的电荷中和作用会放出大量的光和热，这些放出的光就形成了闪电。

大多数的闪电都是连接两次的，第一次叫前导闪接，是一股看不见的空气叫前导，一直下到接近地面的地方。这一股带电的空气就像一条电线，为第二次电流建立一条导路。在前导接近地面的一刹那，一道回接电流就沿着这条导路跳上来，这次回接产生的闪光就是我们通常所能看到的闪电了。

电荷中和作用时会放出大量的光和热，瞬间放出大量的热会将周围的空气加热到3万℃的高温。强烈的电流在空气中通过时，造成沿途的空气突然膨胀，同时推挤周围的空气，使空气产生猛烈的震动，此时所产生的声音就是雷声。闪电若落在近处，我们听到的就是震耳欲聋的轰隆声，闪电若是落在较远处，我们听到的是隆隆不断的雷鸣声，这是因为声波受到大气折射和地面物体反射后所发出的回声。

随着科技的进步，极光的奥秘也越来越为我们所知，原来，这美丽的景色是太阳与大气层合作表演出来的作品。在太阳创造的诸如光和热等形式的能量中，有一种能量被称为“太阳风”。太阳风是太阳喷射出的带电粒子，是一束可以覆盖地球的强大的带电亚原子颗粒流。太阳风在地球上空环绕地球流动，以大约每秒400千米的速度撞击地球磁场。地球磁场形如漏斗，尖端对着地球的南北两个磁极，因此太阳发出的带电粒子沿着地磁场这个“漏斗”沉降，进入地球的两极地区。两极的高层大气，受到太阳风的轰击后会发出光芒，形成极光。在南极地区形成的叫南极光。在北极地区形成的叫北极光。

5.6.2 雷电的观测与记录

一般通过耳听，目测，注意雷电发生的方位，可记录大致方向，同时记录第一次闻雷时间为开始时间，最后一次闻雷时间为终止时间。两次闻雷时间相隔 15 分钟或其以内，应连续记载；如两次间隔时间超过 15 分钟，需另记起止时间。如仅闻一声雷，只记开始时间。方向的记法：按东、东南、南、西南、西、西北、北、东北等八方位记载。以第一次听见雷声的所在方位为开始方向，最后一次听见雷声的所在方位为终止方向。若雷暴经过天顶，则记天顶；若雷暴起止方向之间达到 180°或 180°以上时，要按雷暴的行径，在起止方向间加记一个中间方向；当起止方向不明或多方闻雷而不易判别系统时，则不记方向。若雷暴始终在一个方位，只记开始方向。

 气象灾情调查

6.1　气象灾害调查目的

为准确、及时、全面掌握气象灾害发生情况，提供有效气象预报警报，准确、及时、主动地为各级地方党委、政府组织防灾减灾提供气象灾害信息，科学部署抗灾、减灾和救灾工作，最大限度地减轻或避免气象灾害造成的人员伤亡和财产损失，维护社会稳定，促进经济社会发展。

6.2　灾害调查的主要内容

6.2.1　基本信息

气象灾害发生地名称、灾害类别、伴随出现的灾害、灾害开始日期、灾害结束日期、天气条件描述、灾害影响描述。

6.2.2　社会影响

气象灾害发生后的社会影响，包括受灾人口、死亡人口、失踪人口、受伤人口、被困人口、饮水困难人口、转移安置人口、倒塌房屋、损坏房屋、引发的疾病名称、发病人口、停课学校、直接经济损失、其他社会影响。

6.2.3　农业影响

气象灾害发生后受灾农作物名称、农作物受灾面积、农作物成灾面积、农作物绝收面积、损失粮食、损坏大棚、农业经济损失、农业其他

影响。

6.2.4 畜牧业影响

气象灾害发生后影响牧草名称、牧草受灾面积、死亡大牲畜、死亡家禽、饮水困难牲畜、畜牧业经济损失、畜牧业其他影响。

6.2.5 水利影响

气象灾害发生后水毁大型水库、水毁中型水库、水毁小型水库、水毁塘坝、水毁沟渠长度、堤坝决口情况、水情信息、水利经济损失、水利其他影响。

6.2.6 工业影响

气象灾害发生后停产工厂、工业设备损失、工业经济损失、工业其他影响。

6.2.7 林业影响

气象灾害发生后林木损失、林业受灾面积、林业经济损失、林业其他影响。

6.2.8 渔业影响

气象灾害发生后捕捞船只翻(沉)数量、捕捞船只翻(沉)总吨位、渔业影响面积、渔业经济损失、渔业其他影响。

6.2.9 交通影响

气象灾害发生后飞机航班延误架次、交通工具(汽车火车)停运时间、交通工具(飞机汽车等)损毁、铁路损坏长度、公路损坏长度、水上运输翻(沉)船只数量、滞留旅客数、道路堵塞、交通经济损失、交通其他影响。

6.2.10 电力影响

气象灾害发生后电力倒杆数、电力倒塔数、电力断线长度、电力中断时间、电力经济损失，电力其他影响。

6.2.11 通讯影响

气象灾害发生后通讯中断时间、通讯经济损失，通讯其他影响。

6.2.12 商业影响

气象灾害发生后停业商店数、商业经济损失、商业其他影响。

6.2.13 基础设施影响

气象灾害发生后损坏桥梁涵洞、基础设施经济损失、基础设施其他影响。

6.2.14 其他行业影响

气象灾害发生后对除前面所列所有行业之外的其他行业的影响。

6.3 气象服务效益的收集

在灾害性天气发生后，气象信息员应及时走访当地重点企业、农业大户以及周围的群众，及时了解气象预警信息在周围企业、群众中的传播程度，针对灾害性天气是否采取了防御措施，以及采取防御措施后是否避免或减少了损失，了解并记录具体采取的措施，减少损失的情况。在重大灾害性天气发生后，应配合当地气象部门开展服务效益的调查和收集。

6.4 气象灾害调查的记录及报送

气象灾害的调查可以通过实地查看、走访了解，也可以通过走访当地乡镇、村等了解灾情汇总情况，调查到的气象灾害信息应详细进行记录。在实地调查时有条件的可以对灾害现场进行摄影、摄像，并配适当文字说明。调查资料应及时报送当地气象部门，当了解到有重大灾情损失，如有人员伤亡、重大财产损失时应第一时间通知气象部门，并配合气象部门联合开展调查。

气象设施的巡查与报告

7.1 自动气象观测站

7.1.1 性能特点

自动气象观测站是高度自动化的仪器，它能够自动探测所在地温度、湿度、风向、风速、气压、雨量等气象要素，并通过无线或有线通讯方式将资料实时传输到气象部门进行分析，为气象灾害的监测和预报提供依据。一般情况下不需要每天维护，但仍需要进行周期性的维护，周期性维护也是延长自动气象观测站正常运行寿命、保证观测数据质量的重要手段。

7.1.2 维护要求

(1)定期巡查，检查自动气象观测站的探测设备和外部设施(包括围栏)是否齐全，有无被盗、被损情况，外露线路是否有脱落，风向标和风杯转动是否不正常等，如有以上情况立刻上报当地气象部门。

图 7.1 区域气象自动站

(2)检查自动气象观测站设施清洁程度，如雨量筒内是否有污垢或树叶等杂物堵塞，太阳能电池板是否积满灰尘等，如有以上情况可用手工清除树叶等杂物，用毛刷轻轻刷除设备表面灰尘或用半湿抹布擦除，严禁通过清水冲洗等方式对气象仪器尤其是雨量筒进行清洁。

(3)检查自动气象观测站场址内是否保持有均匀草层，草高一般不能超过 20 厘米，如超过应及时修剪，注意对草层的养护，不能使其对观测记录造成影响，观测场范围内不得种植影响气象探测环境和设施的作物、树木等；

(4)检查风杆的 6 根拉索的松紧程度，不适当的加以调整；同时特别要注意拉索的基础有无松动现象。

(5)协助气象部门做好自动气象观测站的环境保护和改善工作，巡查时注意观察周围 100 米内有无新建高大建筑或观测站旁边新种高大树木等情况，如有立刻上报当地气象部门。当自动气象观测站搬迁时，协助气象部门与当地有关部门及人员进行联系和协调。

(6)每次对气象设施进行巡查和维护应在进行记录，记录在《气象信息员工作手册》中的气象设施维护巡查记录表中。主要记录巡查维护时间，一般填写月、日；设施所在地，填写设施所在乡镇村名；故障损坏情况，记录发现的故障情况；维护处理情况，记录采取的措施手段等如“清理雨量筒内树叶，除去污垢”、“将受损情况上报气象部门某部门某人”等。

7.2 气象电子显示屏

7.2.1 性能特点

电子显示屏是采用发光二极管为显示元件，以现代数字电子技术为基础发展起来的一种显示屏幕，具有寿命长、节约能源、亮度高、模块化等特点。气象电子显示屏是气象信息中心根据用户要求发布最新天气信息、天气警报、预警信号、气象常识等的平台，接收方便快捷，显示简单明了，屏上还设有日历、高精度时钟和实时环境温度传感器。遇到停电，系统会自动保存信息，并继续走时，如果此时气象信息中心发送信息将会延迟，等通电后会自动接收信息并显示。

目前，一般使用的气象电子显示屏主要为室内型，平时应注意防尘，防水。通讯上采用无线接收方式，根据显示屏的型号其功能也有所不同。现在使用的电子屏(图 7-2)其屏幕分为主信息显示区、预警信号区、时间环境温度显示区以及日历、节日等辅助显示区，具有远程控制、远程管理、声音控制、信息反馈及自动维护和自动检测等多种扩展功能。

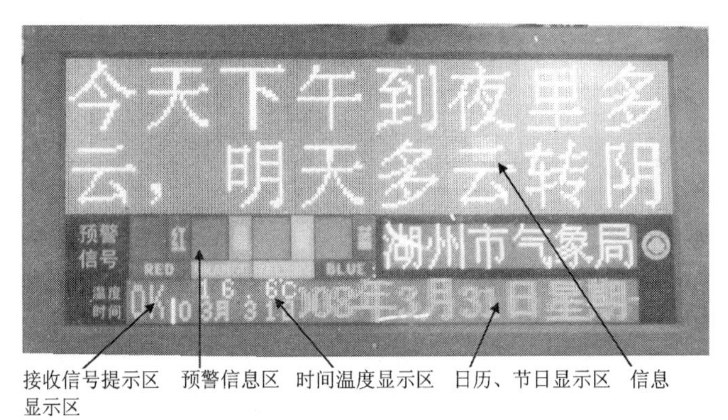

图 7.2 气象电子显示屏

7.2.3 维护保养

(1)开关屏时，间隔时间要大于 5 分钟。

(2)显示屏的一部分出现一行非常亮时，应注意及时关屏，在此状态下不宜长时间开屏。

(3)经常出现显示屏的电源开关跳闸，应及时检查屏体或更换电源开关。当发现不了屏体故障时，应及时通知当地气象部门。

(4)定期检查挂接处的牢固情况。如有松动现象，注意及时调整，必要时通知当地气象部门，重新加固或更新吊件。

7.2.4 常见故障及处理办法

(1)显示屏没有显示：检查屏体的供电情况，用试电笔或万用表检测开关连接用电器端是否有电。开关可能出现问题，或者电路开路。

(2)主信息显示区无显示而其他显示正常：一般为信息没有收到。首先检查一下接收信号是否良好，如接收信号良好(接收信号提示区为OK)，则为信息没有收到，请通知当地气象部门重发；如接收信号不好(接收信号提示区无显示)，则关闭电源后检查一下接收卡接触是否良好，待5分钟后重新启动，如接收信号仍然不好，则应及时通知当地气象部门。

(3)显示内容不全或显示位置不对：一般为信息接收发生遗漏。应及时通知当地气象部门重新发送。

(4)显示屏抖动，有横条或竖条：可能电源接触不好或电子屏出现故障。首先检查电源接触情况，如电源没有问题，则关闭电源5分钟后重新启动，如仍然消除不了则应及时通知当地气象部门。

7.3 气象探测环境保护

7.3.1 气象探测环境保护的意义

气象探测工作是整个气象工作的前提和基础，在经济建设、社会发展、国防建设、生态环境保护、人民生产生活中发挥着重要的基础性作用，气象探测对环境有严格要求，只有在符合探测要求的环境下探测的气象数据才具有代表性、准确性、比较性，使气象探测资料更加及时、准确、科学、高效地为社会发展、经济建设、国防建设和人民生产生活服务。气象探测环境好坏关系到探测数据的科学性，关系到天气气候预测预报和气象服务的准确性和针对性，直接关系到我国社会发展、经济建设、国防建设和人民生产生活的安全问题，也关系到我国气象工作在国际上的声誉和形象。所以保护好气象探测环境对于促进国民经济发展、全面建设小康社会具有深远的历史意义和现实作用。《中华人民共和国气象法》、《中华人民共和国城市规划法》、《气象探测环境和设施保护办法》等法律法规都对气象探测环境保护提出了明确的要求。

7.3.2　气象探测环境保护的范围和标准

根据《气象探测环境和设施保护办法》任何组织和个人都有保护气象探测环境和设施的义务，有权检举侵占、损毁和擅自移动气象探测设施和破坏气象探测环境的行为。该办法对国家基准气候站、国家基本气象站、国家一般气象站、自动气象站、太阳辐射观测站、酸雨监测站、生态气象监测站(含农业气象站)的探测环境和设施；高空气象探测站(包括风廓线仪、声雷达、激光雷达等)的探测环境和设施；天气雷达站的探测环境和设施；气象卫星地面接收站(含静止气象卫星地面接收站、极轨气象卫星地面接收站)、卫星测控站、卫星测距站的探测环境和设施；大气本底台站、沙尘暴监测站、污染气象监测站等环境气象监测站的探测环境和设施；遥感卫星辐射校正场的探测环境和设施；闪电探测站的探测环境和设施；GPS气象探测站外场环境；气象专用频道、频率、线路、网络及相应的设施；其他需要保护的气象探测环境和设施进行保护。

国家基准气候站、国家基本气象站、国家一般气象站和太阳辐射观测站周围的建筑物、作物、树木等障碍物和其他对气象探测有影响的各种源体(源体，是指省级气象主管机构确定的对气象探测资料的代表性、准确性有影响的大型锅炉、废水、废气、垃圾场等干扰源或者其他源体。)，与气象观测场围栏必须保持一定距离，具体保护标准见表7-1。

——“障碍物”是指建筑、作物、树木等影响观测场气流通畅或探测资料代表性、准确性的物体。

——“孤立”障碍物是指在观测场围栏距障碍物最近点，向障碍物方向看去，与邻近物体的横向距离≥30米的单个物体在水平方向的最大遮挡角度≤22.5°的障碍物。

——“成排”障碍物是指在观测场围栏距障碍物最近点，向障碍物方向看去，单个物体或两个单个物体的横向距离≤30米的集合物体在水平方向的最大遮挡角度>22.5°的障碍物。

——“障碍物高度的倍数”是指观测场围栏距障碍物最近点的距离与障碍物最高点超出观测场地面的高度的比值。

——“大型水体距离”是指水库、湖泊、河海等水体的历史最高水位距观测场围栏的水平距离。

对于无人值守的自动气象站，应当由该站的所有单位委托所在地人民政府或者社会团体、企事业单位和个人负责保护。

表 7-1　各类气象站气象观测场围栏与周围障碍物边缘和各种影响源体边缘之间距离的保护标准

<table>
<tr><th colspan="2">站类
项目名称</th><th>国家基准气候站</th><th>国家基本气象站</th><th>国家一般气象站</th><th>太阳辐射和日照等</th></tr>
<tr><td rowspan="2">与障碍物距离</td><td>成排</td><td>≥障碍物高度的 10 倍或障碍物遮挡仰角≤5.71°</td><td>≥障碍物高度的 10 倍或障碍物遮挡仰角≤5.71°</td><td>≥障碍物高度的 8 倍或障碍物遮挡仰角≤7.13°</td><td rowspan="5">在日出、日落方向障碍物的高度角≤5°；
四周障碍物不得遮挡仪器感应面</td></tr>
<tr><td>孤立</td><td>≥障碍物高度的 10 倍或障碍物遮挡仰角≤5.71°</td><td>≥障碍物高度的 8 倍或障碍物遮挡仰角≤7.13°</td><td>≥障碍物高度的 3 倍或障碍物遮挡仰角≤18.44°</td></tr>
<tr><td colspan="2">与铁路路基距离</td><td>>200 米</td><td>>200 米</td><td>>200 米</td></tr>
<tr><td colspan="2">与公路路基距离</td><td>>30 米</td><td>>30 米</td><td>>30 米</td></tr>
<tr><td colspan="2">与大型水体距离</td><td>>100 米</td><td>>100 米</td><td>>50 米</td></tr>
<tr><td colspan="2">与作物、树木距离</td><td colspan="4">观测场四周 10 米范围内不得种植高于 1 米的作物、树木</td></tr>
<tr><td colspan="6">生态气象监测站(含农业气象站)、酸雨监测站参照执行</td></tr>
</table>

7.3.3　气象探测环境保护工作

对气象探测环境的保护应当依据《中华人民共和国气象法》、《气象探测环境和设施保护办法》，气象信息员在巡查自动气象站时对发现下列行为应及时制止，并第一时间通知当地气象部门依法采取措施。

(1)侵占、损毁和擅自移动气象台站建筑、设备和传输设施的；

(2)在气象探测环境保护范围内设置障碍物的；

(3)设置影响气象探测设施工作效能的高频电磁辐射装置的；

(4)在气象探测环境保护范围内进行爆破、采砂(石)、取土、焚烧、放牧等行为的；

(5)在气象探测环境保护范围内种植影响气象探测环境和设施的作物、树木的；

(6)进入气象台站实施影响气象探测工作的活动的。

附录 1

气象灾害预警信号发布与传播办法

中国气象局

二〇〇七年六月十二日

第一条 为了规范气象灾害预警信号发布与传播，防御和减轻气象灾害，保护国家和人民生命财产安全，依据《中华人民共和国气象法》、《国家突发公共事件总体应急预案》，制定本办法。

第二条 在中华人民共和国领域和中华人民共和国管辖的其他海域发布与传播气象灾害预警信号，必须遵守本办法。

本办法所称气象灾害预警信号（以下简称预警信号），是指各级气象主管机构所属的气象台站向社会公众发布的预警信息。

预警信号由名称、图标、标准和防御指南组成，分为台风、暴雨、暴雪、寒潮、大风、沙尘暴、高温、干旱、雷电、冰雹、霜冻、大雾、霾、道路结冰等。

第三条 预警信号的级别依据气象灾害可能造成的危害程度、紧急程度和发展态势一般划分为四级：Ⅳ级（一般）、Ⅲ级（较重）、Ⅱ级（严重）、Ⅰ级（特别严重），依次用蓝色、黄色、橙色和红色表示，同时以中英文标识。

本办法根据不同种类气象灾害的特征、预警能力等，确定不同种类气象灾害的预警信号级别。

第四条 国务院气象主管机构负责全国预警信号发布、解除与传播的管理工作。

地方各级气象主管机构负责本行政区域内预警信号发布、解除与传播的管理工作。

其他有关部门按照职责配合气象主管机构做好预警信号发布与传播的有关工作。

第五条　地方各级人民政府应当加强预警信号基础设施建设，建立畅通、有效的预警信息发布与传播渠道，扩大预警信息覆盖面，并组织有关部门建立气象灾害应急机制和系统。

学校、机场、港口、车站、高速公路、旅游景点等人口密集公共场所的管理单位应当设置或者利用电子显示装置及其他设施传播预警信号。

第六条　国家依法保护预警信号专用传播设施，任何组织或者个人不得侵占、损毁或者擅自移动。

第七条　预警信号实行统一发布制度。

各级气象主管机构所属的气象台站按照发布权限、业务流程发布预警信号，并指明气象灾害预警的区域。发布权限和业务流程由国务院气象主管机构另行制定。

其他任何组织或者个人不得向社会发布预警信号。

第八条　各级气象主管机构所属的气象台站应当及时发布预警信号，并根据天气变化情况，及时更新或者解除预警信号，同时通报本级人民政府及有关部门、防灾减灾机构。

当同时出现或者预报可能出现多种气象灾害时，可以按照相对应的标准同时发布多种预警信号。

第九条　各级气象主管机构所属的气象台站应当充分利用广播、电视、固定网、移动网、因特网、电子显示装置等手段及时向社会发布预警信号。在少数民族聚居区发布预警信号时除使用汉语言文字外，还应当使用当地通用的少数民族语言文字。

第十条　广播、电视等媒体和固定网、移动网、因特网等通信网络应当配合气象主管机构及时传播预警信号，使用气象主管机构所属的气象台站直接提供的实时预警信号，并标明发布预警信号的气象台站的名称和发布时间，不得更改和删减预警信号的内容，不得拒绝传播气象灾害预警信号，不得传播虚假、过时的气象灾害预警信号。

第十一条　地方各级人民政府及其有关部门在接到气象主管机构所属的气象台站提供的预警信号后，应当及时公告，向公众广泛传播，并按照职责采取有效措施做好气象灾害防御工作，避免或者减轻气象灾害。

第十二条 气象主管机构应当组织气象灾害预警信号的教育宣传工作,编印预警信号宣传材料,普及气象防灾减灾知识,增强社会公众的防灾减灾意识,提高公众自救、互救能力。

第十三条 违反本办法规定,侵占、损毁或者擅自移动预警信号专用传播设施的,由有关气象主管机构依照《中华人民共和国气象法》第三十五条的规定追究法律责任。

第十四条 违反本办法规定,有下列行为之一的,由有关气象主管机构依照《中华人民共和国气象法》第三十八条的规定追究法律责任:

(一)非法向社会发布与传播预警信号的;

(二)广播、电视等媒体和固定网、移动网、因特网等通信网络不使用气象主管机构所属的气象台站提供的实时预警信号的。

第十五条 气象工作人员玩忽职守,导致预警信号的发布出现重大失误的,对直接责任人员和主要负责人给予行政处分;构成犯罪的,依法追究刑事责任。

第十六条 地方各级气象主管机构所属的气象台站发布预警信号,适用本办法所附《气象灾害预警信号及防御指南》中的各类预警信号标准。

省、自治区、直辖市制定地方性法规、地方政府规章或者规范性文件时,可以根据本行政区域内气象灾害的特点,选用或者增设本办法规定的预警信号种类,设置不同信号标准,并经国务院气象主管机构审查同意。

第十七条 国务院气象主管机构所属的气象台站发布的预警信号标准由国务院气象主管机构另行制定。

第十八条 本办法自发布之日起施行。

附录 2

气象灾害预警信号及防御指南

中国气象局

二○○七年六月十二日

一、台风预警信号

台风预警信号分四级，分别以蓝色、黄色、橙色和红色表示。

(一)台风蓝色预警信号

图标：

标准：24 小时内可能或者已经受热带气旋影响，沿海或者陆地平均风力达 6 级以上，或者阵风 8 级以上并可能持续。

防御指南：

1. 政府及相关部门按照职责做好防台风准备工作；

2. 停止露天集体活动和高空等户外危险作业；

3. 相关水域水上作业和过往船舶采取积极的应对措施，如回港避风或者绕道航行等；

4. 加固门窗、围板、棚架、广告牌等易被风吹动的搭建物，切断危险的室外电源。

(二)台风黄色预警信号

图标：

标准：24 小时内可能或者已经受热带气旋影响，沿海或者陆地平均风力达 8 级以上，或者阵风 10 级以上并可能持续。

防御指南：

1. 政府及相关部门按照职责做好防台风应急准备工作；

2. 停止室内外大型集会和高空等户外危险作业；

3. 相关水域水上作业和过往船舶采取积极的应对措施，加固港口设施，防止船舶走锚、搁浅和碰撞；

4. 加固或者拆除易被风吹动的搭建物，人员切勿随意外出，确保老人小孩留在家中最安全的地方，危房人员及时转移。

（三）台风橙色预警信号

图标：

标准：12 小时内可能或者已经受热带气旋影响，沿海或者陆地平均风力达 10 级以上，或者阵风 12 级以上并可能持续。

防御指南：

1. 政府及相关部门按照职责做好防台风抢险应急工作；

2. 停止室内外大型集会，停课、停业（除特殊行业外）；

3. 相关水域水上作业和过往船舶应当回港避风，加固港口设施，防止船舶走锚、搁浅和碰撞；

4. 加固或者拆除易被风吹动的搭建物，人员应当尽可能待在防风安全的地方，当台风中心经过时风力会减小或者静止一段时间，切记强风将会突然吹袭，应当继续留在安全处避风，危房人员及时转移；

5. 相关地区应当注意防范强降水可能引发的山洪、地质灾害。

（四）台风红色预警信号

图标：

标准：6 小时内可能或者已经受热带气旋影响，沿海或者陆地平均风力达 12 级以上，或者阵风达 14 级以上并可能持续。

防御指南：

1. 政府及相关部门按照职责做好防台风应急和抢险工作；

2. 停止集会、停课、停业（除特殊行业外）；

3. 回港避风的船舶要视情况采取积极措施，妥善安排人员留守或者转移到安全地带；

4. 加固或者拆除易被风吹动的搭建物，人员应当待在防风安全的地方，当台风中心经过时风力会减小或者静止一段时间，切记强风将会突然吹袭，应当继续留在安全处避风，危房人员及时转移；

5. 相关地区应当注意防范强降水可能引发的山洪、地质灾害。

二、暴雨预警信号

暴雨预警信号分四级，分别以蓝色、黄色、橙色、红色表示。

（一）暴雨蓝色预警信号

图标：

标准：12 小时内降雨量将达 50 毫米以上，或者已达 50 毫米以上且降雨可能持续。

防御指南：

1. 政府及相关部门按照职责做好防暴雨准备工作；

2. 学校、幼儿园采取适当措施，保证学生和幼儿安全；

3. 驾驶人员应当注意道路积水和交通阻塞，确保安全；

4. 检查城市、农田、鱼塘排水系统，做好排涝准备。

（二）暴雨黄色预警信号

图标：

标准：6 小时内降雨量将达 50 毫米以上，或者已达 50 毫米以上且降雨可能持续。

防御指南：

1. 政府及相关部门按照职责做好防暴雨工作；

2. 交通管理部门应当根据路况在强降雨路段采取交通管制措施，在积水路段实行交通引导；

3. 切断低洼地带有危险的室外电源，暂停在空旷地方的户外作业，转移危险地带人员和危房居民到安全场所避雨；

4. 检查城市、农田、鱼塘排水系统，采取必要的排涝措施。

（三）暴雨橙色预警信号

图标：

标准：3 小时内降雨量将达 50 毫米以上，或者已达 50 毫米以上且降雨可能持续。

防御指南：

1. 政府及相关部门按照职责做好防暴雨应急工作；

2. 切断有危险的室外电源，暂停户外作业；

3. 处于危险地带的单位应当停课、停业，采取专门措施保护已到校学生、幼儿和其他上班人员的安全；

4. 做好城市、农田的排涝，注意防范可能引发的山洪、滑坡、泥石流等灾害。

（四）暴雨红色预警信号

图标：

标准：3 小时内降雨量将达 100 毫米以上，或者已达 100 毫米以上且降雨可能持续。

防御指南：

1. 政府及相关部门按照职责做好防暴雨应急和抢险工作；

2. 停止集会和停课、停业（除特殊行业外）；

3. 做好山洪、滑坡、泥石流等灾害的防御和抢险工作。

三、暴雪预警信号

暴雪预警信号分四级，分别以蓝色、黄色、橙色、红色表示。

（一）暴雪蓝色预警信号

图标：

标准：12 小时内降雪量将达 4 毫米以上，或者已达 4 毫米以上且降雪持续，可能对交通或者农牧业有影响。

防御指南：

1. 政府及有关部门按照职责做好防雪灾和防冻害准备工作；

2. 交通、铁路、电力、通信等部门应当进行道路、铁路、线路巡查维护，做好道路清扫和积雪融化工作；

3. 行人注意防寒防滑，驾驶人员小心驾驶，车辆应当采取防滑措施；

4. 农牧区和种养殖业要储备饲料，做好防雪灾和防冻害准备；

5. 加固棚架等易被雪压的临时搭建物。

（二）暴雪黄色预警信号

图标：

标准：12 小时内降雪量将达 6 毫米以上，或者已达 6 毫米以上且降雪持续，可能对交通或者农牧业有影响。

防御指南：

1. 政府及相关部门按照职责落实防雪灾和防冻害措施；

2. 交通、铁路、电力、通信等部门应当加强道路、铁路、线路巡查维护，做好道路清扫和积雪融化工作；

3. 行人注意防寒防滑，驾驶人员小心驾驶，车辆应当采取防滑措施；

4. 农牧区和种养殖业要备足饲料，做好防雪灾和防冻害准备；

5.加固棚架等易被雪压的临时搭建物。

(三)暴雪橙色预警信号

图标：

标准：6 小时内降雪量将达 10 毫米以上，或者已达 10 毫米以上且降雪持续，可能或者已经对交通或者农牧业有较大影响。

防御指南：

1.政府及相关部门按照职责做好防雪灾和防冻害的应急工作；

2.交通、铁路、电力、通信等部门应当加强道路、铁路、线路巡查维护，做好道路清扫和积雪融化工作；

3.减少不必要的户外活动；

4.加固棚架等易被雪压的临时搭建物，将户外牲畜赶入棚圈喂养。

(四)暴雪红色预警信号

图标：

标准：6 小时内降雪量将达 15 毫米以上，或者已达 15 毫米以上且降雪持续，可能或者已经对交通或者农牧业有较大影响。

防御指南：

1.政府及相关部门按照职责做好防雪灾和防冻害的应急和抢险工作；

2.必要时停课、停业(除特殊行业外)；

3.必要时飞机暂停起降，火车暂停运行，高速公路暂时封闭；

4.做好牧区等救灾救济工作。

四、寒潮预警信号

寒潮预警信号分四级，分别以蓝色、黄色、橙色、红色表示。

(一)寒潮蓝色预警信号

图标：

标准：48小时内最低气温将要下降8℃以上，最低气温小于等于4℃，陆地平均风力可达5级以上；或者已经下降8℃以上，最低气温小于等于4℃，平均风力达5级以上，并可能持续。

防御指南：

1.政府及有关部门按照职责做好防寒潮准备工作；

2.注意添衣保暖；

3.对热带作物、水产品采取一定的防护措施；

4.做好防风准备工作。

(二)寒潮黄色预警信号

图标：

标准：24小时内最低气温将要下降10℃以上，最低气温小于等于4℃，陆地平均风力可达6级以上；或者已经下降10℃以上，最低气温小于等于4℃，平均风力达6级以上，并可能持续。

防御指南：

1.政府及有关部门按照职责做好防寒潮工作；

2.注意添衣保暖，照顾好老、弱、病人；

3.对牲畜、家禽和热带、亚热带水果及有关水产品、农作物等采取防寒措施；

4.做好防风工作。

(三)寒潮橙色预警信号

图标：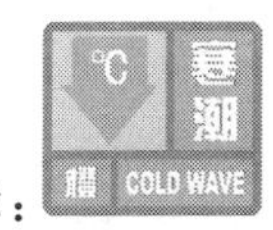

标准：24 小时内最低气温将要下降 12℃以上，最低气温小于等于 0℃，陆地平均风力可达 6 级以上；或者已经下降 12℃以上，最低气温小于等于 0℃，平均风力达 6 级以上，并可能持续。

防御指南：

1. 政府及有关部门按照职责做好防寒潮应急工作；

2. 注意防寒保暖；

3. 农业、水产业、畜牧业等要积极采取防霜冻、冰冻等防寒措施，尽量减少损失；

4. 做好防风工作。

（四）寒潮红色预警信号

图标：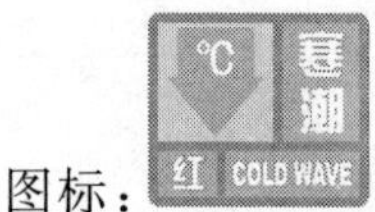

标准：24 小时内最低气温将要下降 16℃以上，最低气温小于等于 0℃，陆地平均风力可达 6 级以上；或者已经下降 16℃以上，最低气温小于等于 0℃，平均风力达 6 级以上，并可能持续。

防御指南：

1. 政府及相关部门按照职责做好防寒潮的应急和抢险工作；

2. 注意防寒保暖；

3. 农业、水产业、畜牧业等要积极采取防霜冻、冰冻等防寒措施，尽量减少损失；

4. 做好防风工作。

五、大风预警信号

大风（除台风外）预警信号分四级，分别以蓝色、黄色、橙色、红色表示。

（一）大风蓝色预警信号

图标：

标准：24 小时内可能受大风影响，平均风力可达 6 级以上，或者阵风 7 级以上；或者已经受大风影响，平均风力为 6～7 级，或者阵风 7～8 级并可能持续。

防御指南：

1. 政府及相关部门按照职责做好防大风工作；

2. 关好门窗，加固围板、棚架、广告牌等易被风吹动的搭建物，妥善安置易受大风影响的室外物品，遮盖建筑物资；

3. 相关水域水上作业和过往船舶采取积极的应对措施，如回港避风或者绕道航行等；

4. 行人注意尽量少骑自行车，刮风时不要在广告牌、临时搭建物等下面逗留；

5. 有关部门和单位注意森林、草原等防火。

（二）大风黄色预警信号

图标：

标准：12 小时内可能受大风影响，平均风力可达 8 级以上，或者阵风 9 级以上；或者已经受大风影响，平均风力为 8～9 级，或者阵风 9～10 级并可能持续。

防御指南：

1. 政府及相关部门按照职责做好防大风工作；

2. 停止露天活动和高空等户外危险作业，危险地带人员和危房居民尽量转到避风场所避风；

3. 相关水域水上作业和过往船舶采取积极的应对措施，加固港口设施，防止船舶走锚、搁浅和碰撞；

4. 切断户外危险电源，妥善安置易受大风影响的室外物品，遮盖建筑物资；

5. 机场、高速公路等单位应当采取保障交通安全的措施，有关部门和单位注意森林、草原等防火。

（三）大风橙色预警信号

图标：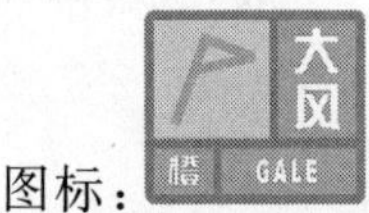

标准：6 小时内可能受大风影响，平均风力可达 10 级以上，或者阵风 11 级以上；或者已经受大风影响，平均风力为 10～11 级，或者阵风 11～12 级并可能持续。

防御指南：

1. 政府及相关部门按照职责做好防大风应急工作；

2. 房屋抗风能力较弱的中小学校和单位应当停课、停业，人员减少外出；

3. 相关水域水上作业和过往船舶应当回港避风，加固港口设施，防止船舶走锚、搁浅和碰撞；

4. 切断危险电源，妥善安置易受大风影响的室外物品，遮盖建筑物资；

5. 机场、铁路、高速公路、水上交通等单位应当采取保障交通安全的措施，有关部门和单位注意森林、草原等防火。

（四）大风红色预警信号

图标：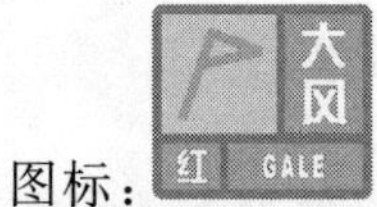

标准：6 小时内可能受大风影响，平均风力可达 12 级以上，或者阵风 13 级以上；或者已经受大风影响，平均风力为 12 级以上，或者阵风 13 级以上并可能持续。

防御指南：

1. 政府及相关部门按照职责做好防大风应急和抢险工作；

2. 人员应当尽可能停留在防风安全的地方，不要随意外出；

3. 回港避风的船舶要视情况采取积极措施，妥善安排人员留守或者转移到安全地带；

4. 切断危险电源，妥善安置易受大风影响的室外物品，遮盖建筑物资；

5. 机场、铁路、高速公路、水上交通等单位应当采取保障交通安全的措施，有关部门和单位注意森林、草原等防火。

六、沙尘暴预警信号

沙尘暴预警信号分三级，分别以黄色、橙色、红色表示。

（一）沙尘暴黄色预警信号

图标：

标准：12 小时内可能出现沙尘暴天气（能见度小于 1000 米），或者已经出现沙尘暴天气并可能持续。

防御指南：

1. 政府及相关部门按照职责做好防沙尘暴工作；

2. 关好门窗，加固围板、棚架、广告牌等易被风吹动的搭建物，妥善安置易受大风影响的室外物品，遮盖建筑物资，做好精密仪器的密封工作；

3. 注意携带口罩、纱巾等防尘用品，以免沙尘对眼睛和呼吸道造成损伤；

4. 呼吸道疾病患者、对风沙较敏感人员不要到室外活动。

（二）沙尘暴橙色预警信号

图标：

标准：6 小时内可能出现强沙尘暴天气（能见度小于 500 米），或者已经出现强沙尘暴天气并可能持续。

防御指南：

1. 政府及相关部门按照职责做好防沙尘暴应急工作；

2. 停止露天活动和高空、水上等户外危险作业；

3. 机场、铁路、高速公路等单位做好交通安全的防护措施，驾驶人员注意沙尘暴变化，小心驾驶；

4. 行人注意尽量少骑自行车，户外人员应当戴好口罩、纱巾等防尘用品，注意交通安全。

（三）沙尘暴红色预警信号

图标：

标准：6 小时内可能出现特强沙尘暴天气（能见度小于 50 米），或者已经出现特强沙尘暴天气并可能持续。

防御指南：

1. 政府及相关部门按照职责做好防沙尘暴应急抢险工作；

2. 人员应当留在防风、防尘的地方，不要在户外活动；

3. 学校、幼儿园推迟上学或者放学，直至特强沙尘暴结束；

4. 飞机暂停起降，火车暂停运行，高速公路暂时封闭。

七、高温预警信号

高温预警信号分三级，分别以黄色、橙色、红色表示。

（一）高温黄色预警信号

图标：

标准：连续三天日最高气温将在 35℃以上。

防御指南：

1. 有关部门和单位按照职责做好防暑降温准备工作；

2. 午后尽量减少户外活动；

3. 对老、弱、病、幼人群提供防暑降温指导；

4. 高温条件下作业和白天需要长时间进行户外露天作业的人员应当采取必要的防护措施。

（二）高温橙色预警信号

图标：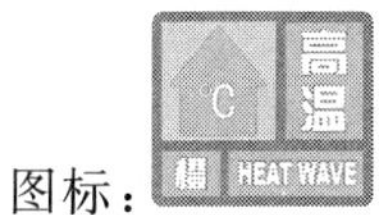

标准：24 小时内最高气温将升至 37℃以上。

防御指南：

1. 有关部门和单位按照职责落实防暑降温保障措施；

2. 尽量避免在高温时段进行户外活动，高温条件下作业的人员应当缩短连续工作时间；

3. 对老、弱、病、幼人群提供防暑降温指导，并采取必要的防护措施；

4. 有关部门和单位应当注意防范因用电量过高，以及电线、变压器等电力负载过大而引发的火灾。

（三）高温红色预警信号

图标：

标准：24 小时内最高气温将升至 40℃以上。

防御指南：

1. 有关部门和单位按照职责采取防暑降温应急措施；

2. 停止户外露天作业（除特殊行业外）；

3. 对老、弱、病、幼人群采取保护措施；

4. 有关部门和单位要特别注意防火。

八、干旱预警信号

干旱预警信号分二级，分别以橙色、红色表示。干旱指标等级划分，以国家标准《气象干旱等级》（GB/T20481－2006）中的综合气象干旱指数为标准。

(一)干旱橙色预警信号

图标：

标准：预计未来一周综合气象干旱指数达到重旱(气象干旱为25～50年一遇)，或者某一县(区)有40%以上的农作物受旱。

防御指南：

1. 有关部门和单位按照职责做好防御干旱的应急工作；

2. 有关部门启用应急备用水源，调度辖区内一切可用水源，优先保障城乡居民生活用水和牲畜饮水；

3. 压减城镇供水指标，优先经济作物灌溉用水，限制大量农业灌溉用水；

4. 限制非生产性高耗水及服务业用水，限制排放工业污水；

5. 气象部门适时进行人工增雨作业。

(二)干旱红色预警信号

图标：

标准：预计未来一周综合气象干旱指数达到特旱(气象干旱为50年以上一遇)，或者某一县(区)有60%以上的农作物受旱。

防御指南：

1. 有关部门和单位按照职责做好防御干旱的应急和救灾工作；

2. 各级政府和有关部门启动远距离调水等应急供水方案，采取提外水、打深井、车载送水等多种手段，确保城乡居民生活和牲畜饮水；

3. 限时或者限量供应城镇居民生活用水，缩小或者阶段性停止农业灌溉供水；

4. 严禁非生产性高耗水及服务业用水，暂停排放工业污水；

5. 气象部门适时加大人工增雨作业力度。

九、雷电预警信号

雷电预警信号分三级，分别以黄色、橙色、红色表示。

（一）雷电黄色预警信号

图标：

标准：6 小时内可能发生雷电活动，可能会造成雷电灾害事故。

防御指南：

1. 政府及相关部门按照职责做好防雷工作；
2. 密切关注天气，尽量避免户外活动。

（二）雷电橙色预警信号

图标：

标准：2 小时内发生雷电活动的可能性很大，或者已经受雷电活动影响，且可能持续，出现雷电灾害事故的可能性比较大。

防御指南：

1. 政府及相关部门按照职责落实防雷应急措施；
2. 人员应当留在室内，并关好门窗；
3. 户外人员应当躲入有防雷设施的建筑物或者汽车内；
4. 切断危险电源，不要在树下、电杆下、塔吊下避雨；
5. 在空旷场地不要打伞，不要把农具、羽毛球拍、高尔夫球杆等扛在肩上。

（三）雷电红色预警信号

图标：

标准：2 小时内发生雷电活动的可能性非常大，或者已经有强烈的雷电活动发生，且可能持续，出现雷电灾害事故的可能性非常大。

防御指南：

1. 政府及相关部门按照职责做好防雷应急抢险工作；

2. 人员应当尽量躲入有防雷设施的建筑物或者汽车内，并关好门窗；

3. 切勿接触天线、水管、铁丝网、金属门窗、建筑物外墙，远离电线等带电设备和其他类似金属装置；

4. 尽量不要使用无防雷装置或者防雷装置不完备的电视、电话等电器；

5. 密切注意雷电预警信息的发布。

十、冰雹预警信号

冰雹预警信号分二级，分别以橙色、红色表示。

(一)冰雹橙色预警信号

图标：

标准：6 小时内可能出现冰雹天气，并可能造成雹灾。

防御指南：

1. 政府及相关部门按照职责做好防冰雹的应急工作；

2. 气象部门做好人工防雹作业准备并择机进行作业；

3. 户外行人立即到安全的地方暂避；

4. 驱赶家禽、牲畜进入有顶篷的场所，妥善保护易受冰雹袭击的汽车等室外物品或者设备；

5. 注意防御冰雹天气伴随的雷电灾害。

(二)冰雹红色预警信号

图标：

标准：2 小时内出现冰雹可能性极大，并可能造成重雹灾。

防御指南：

1.政府及相关部门按照职责做好防冰雹的应急和抢险工作；

2.气象部门适时开展人工防雹作业；

3.户外行人立即到安全的地方暂避；

4.驱赶家禽、牲畜进入有顶篷的场所，妥善保护易受冰雹袭击的汽车等室外物品或者设备；

5.注意防御冰雹天气伴随的雷电灾害。

十一、霜冻预警信号

霜冻预警信号分三级，分别以蓝色、黄色、橙色表示。

（一）霜冻蓝色预警信号

图标：

标准：48 小时内地面最低温度将要下降到 0℃以下，对农业将产生影响，或者已经降到 0℃以下，对农业已经产生影响，并可能持续。

防御指南：

1.政府及农林主管部门按照职责做好防霜冻准备工作；

2.对农作物、蔬菜、花卉、瓜果、林业育种要采取一定的防护措施；

3.农村基层组织和农户要关注当地霜冻预警信息，以便采取措施加强防护。

（二）霜冻黄色预警信号

图标：

标准：24 小时内地面最低温度将要下降到零下 3℃以下，对农业将产生严重影响，或者已经降到零下 3℃以下，对农业已经产生严重影响，并可能持续。

防御指南：

1.政府及农林主管部门按照职责做好防霜冻应急工作；

2.农村基层组织要广泛发动群众，防灾抗灾；

3.对农作物、林业育种要积极采取田间灌溉等防霜冻、冰冻措施，尽量减少损失；

4.对蔬菜、花卉、瓜果要采取覆盖、喷洒防冻液等措施，减轻冻害。

（三）霜冻橙色预警信号

图标：

标准：24小时内地面最低温度将要下降到零下5℃以下，对农业将产生严重影响，或者已经降到零下5℃以下，对农业已经产生严重影响，并将持续。

防御指南：

1.政府及农林主管部门按照职责做好防霜冻应急工作；

2.农村基层组织要广泛发动群众，防灾抗灾；

3.对农作物、蔬菜、花卉、瓜果、林业育种要采取积极的应对措施，尽量减少损失。

十二、大雾预警信号

大雾预警信号分三级，分别以黄色、橙色、红色表示。

（一）大雾黄色预警信号

图标：

标准：12小时内可能出现能见度小于500米的雾，或者已经出现能见度小于500米、大于等于200米的雾并将持续。

防御指南：

1.有关部门和单位按照职责做好防雾准备工作；

2.机场、高速公路、轮渡码头等单位加强交通管理，保障安全；

3.驾驶人员注意雾的变化，小心驾驶；

4.户外活动注意安全。

（二）大雾橙色预警信号

图标：

标准：6小时内可能出现能见度小于200米的雾，或者已经出现能见度小于200米、大于等于50米的雾并将持续。

防御指南：

1. 有关部门和单位按照职责做好防雾工作；

2. 机场、高速公路、轮渡码头等单位加强调度指挥；

3. 驾驶人员必须严格控制车、船的行进速度；

4. 减少户外活动。

（三）大雾红色预警信号

图标：

标准：2小时内可能出现能见度小于50米的雾，或者已经出现能见度小于50米的雾并将持续。

防御指南：

1. 有关部门和单位按照职责做好防雾应急工作；

2. 有关单位按照行业规定适时采取交通安全管制措施，如机场暂停飞机起降，高速公路暂时封闭，轮渡暂时停航等；

3. 驾驶人员根据雾天行驶规定，采取雾天预防措施，根据环境条件采取合理行驶方式，并尽快寻找安全停放区域停靠；

4. 不要进行户外活动。

十三、霾预警信号

霾预警信号分二级，分别以黄色、橙色表示。

(一)霾黄色预警信号

图标：

标准：12 小时内可能出现能见度小于 3000 米的霾，或者已经出现能见度小于 3000 米的霾且可能持续。

防御指南：

1. 驾驶人员小心驾驶；

2. 因空气质量明显降低，人员需适当防护；

3. 呼吸道疾病患者尽量减少外出，外出时可戴上口罩。

(二)霾橙色预警信号

图标：

标准：6 小时内可能出现能见度小于 2000 米的霾，或者已经出现能见度小于 2000 米的霾且可能持续。

防御指南：

1. 机场、高速公路、轮渡码头等单位加强交通管理，保障安全；

2. 驾驶人员谨慎驾驶；

3. 空气质量差，人员需适当防护；

4. 人员减少户外活动，呼吸道疾病患者尽量避免外出，外出时可戴上口罩。

十四、道路结冰预警信号

道路结冰预警信号分三级，分别以黄色、橙色、红色表示。

(一)道路结冰黄色预警信号

图标：

标准：当路表温度低于 0℃，出现降水，12 小时内可能出现对交通有影响的道路结冰。

防御指南：

1. 交通、公安等部门要按照职责做好道路结冰应对准备工作；

2. 驾驶人员应当注意路况，安全行驶；

3. 行人外出尽量少骑自行车，注意防滑。

(二)道路结冰橙色预警信号

图标：

标准：当路表温度低于0℃，出现降水，6小时内可能出现对交通有较大影响的道路结冰。

防御指南：

1. 交通、公安等部门要按照职责做好道路结冰应急工作；

2. 驾驶人员必须采取防滑措施，听从指挥，慢速行使；

3. 行人出门注意防滑。

(三)道路结冰红色预警信号

图标：

标准：当路表温度低于0℃，出现降水，2小时内可能出现或者已经出现对交通有很大影响的道路结冰。

防御指南：

1. 交通、公安等部门做好道路结冰应急和抢险工作；

2. 交通、公安等部门注意指挥和疏导行驶车辆，必要时关闭结冰道路交通；

3. 人员尽量减少外出。

附录 3

气象预报发布与刊播管理办法

中国气象局

二〇〇三年十二月三十一日

第一条 为了使气象预报更好地为经济建设、国防建设、社会发展和人民生活服务,加强气象预报发布与刊播管理,规范气象预报发布与刊播活动,根据《中华人民共和国气象法》,制定本办法。

第二条 在中华人民共和国领域和中华人民共和国管辖的其他海域从事气象预报发布与刊播活动,应当遵守本办法。

第三条 国务院气象主管机构负责全国气象预报发布与刊播管理的工作。地方各级气象主管机构在上级气象主管机构和本级人民政府领导下,负责本行政区域内的气象预报发布与刊播的管理工作。

第四条 县级以上地方人民政府及其有关部门应当积极支持气象主管机构,建立和完善各类气象预报发布与刊播渠道,保证气象预报及时、准确发布与刊播。

第五条 国家对气象预报实行统一发布制度。气象预报由各级气象主管机构所属气象台站按照职责通过各级人民政府指定的广播、电视台站、报纸和网站及时向社会发布。

各级气象主管机构所属气象台站应当与当地媒体共同建立和完善气象预报刊播与紧急增播、插播重要灾害性天气警报和补充、订正的气象预报的工作制度。

第六条 各级人民政府指定的广播、电视台站和报纸应当安排基本固定的时间和版面,每天及时刊播气象预报。

各级人民政府指定的广播、电视台站应当根据气象变化和需要,及时地增播、插播重要灾害性天气警报和补充、订正的气象预报。

其他媒体需刊播气象预报的,应当与当地气象主管机构所属气象台站签订刊播协议，双方根据协议提供和刊播气象预报。

第七条　对经济建设、国防建设、社会发展和人民生活有重大影响的气象预报由省级以上气象主管机构按照职责权限，根据需要，及时组织发布，或由指定发言人向社会发布。

第八条　省级以上气象主管机构对经济建设、国防建设、社会发展和人民生活有重大影响的气象预报等信息实行采访登记制度。

第九条　各级气象主管机构所属气象台站负责发布本预报服务责任区的气象预报。预报服务责任区按国务院气象主管机构有关规定执行。

当气象台站提供的气象预报超出本预报服务责任区时，气象台站应当使用所跨责任区内气象主管机构所属气象台站提供的实时气象预报。

第十条　鼓励媒体积极刊播气象预报。媒体刊播气象预报，必须使用当地气象主管机构所属气象台站提供的实时气象预报，并注明发布台站的名称和发布时间。媒体不应以任何形式转播、转载其他来源的气象预报。

气象预报属于气象科技成果，制作和发布单位对其享有所有权，并受有关法律、法规保护。

未经发布气象预报台站的同意，媒体不得更改气象预报的内容。

第十一条　国家鼓励有关科研教学单位、学术团体和个人研究和探讨气象预报、气候预测技术与方法，其研究结论与意见可以提供给当地气象主管机构所属气象台站制作气象预报、气候预测时综合考虑，或者在专业技术会议上交流，但不得以任何形式向社会公开发布。

第十二条　国务院其他有关部门和省、自治区、直辖市人民政府其他有关部门所属的气象台站，提供供本系统使用的专项气象预报。

第十三条　违反本办法规定，有下列行为之一的，有关气象主管机构可以责令其改正，给予警告，可以并处1万元以下的罚款：

（一）未经许可擅自刊播气象预报的；

（二）擅自将获得的气象预报提供给其他媒体的；

（三）未经许可擅自转播、转载气象预报的；

(四)擅自更改气象预报内容,引起社会不良反应或造成一定影响的。

第十四条 各级气象主管机构所属气象台站工作人员,由于玩忽职守,不按规定及时发布气象预报,造成严重后果的,由所在气象主管机构依法给予行政处分;致使国家利益和人民生命财产遭到重大损失,构成犯罪的,依法追究刑事责任。

第十五条 各级人民政府指定的广播、电视台站不按规定及时刊播气象预报,不按规定及时增播、插播重要灾害性天气警报和补充、订正气象预报的,由所在单位依法给予直接责任人行政处分;造成人员伤亡或重大财产损失,构成犯罪的,依法追究刑事法律责任。

第十六条 本办法所称媒体,是指面向社会公众的广播、电视、报刊、互联网、电话声讯、移动通信、无线寻呼以及其他信息载体。

本办法所称气象预报,是指可向社会发布的灾害性天气警报、日常中短期天气预报、短期气候预测、气候变化预评估等。

第十七条 本办法自2004年2月1日起实施,1992年7月11日国家气象局制定的《发布天气预报管理暂行办法》(国家气象局1号令)同时废止。

附录4

气象探测环境和设施保护办法

中国气象局

二○○四年八月九日

第一条 为了保护气象探测环境和设施,保证气象探测工作的顺利进行,确保获取的气象探测信息具有代表性、准确性、比较性,提高气候变化的监测能力、气象预报准确率和气象服务水平,为国民经济和人民生活提供可靠保障,根据《中华人民共和国气象法》,制定本办法。

第二条 本办法适用于中华人民共和国领域和中华人民共和国管辖的其他海域内气象探测环境和设施的保护。

第三条 本办法所称气象探测环境,是指为避开各种干扰保证气象探测设施准确获得气象探测信息所必需的最小距离构成的环境空间。

本办法所称气象探测设施,是指用于各类气象探测的场地、仪器、设备及其附属设施。

第四条 国务院气象主管机构负责管理全国气象探测环境和设施的保护工作。

地方各级气象主管机构在上级气象主管机构和同级人民政府的领导下,负责管理本行政区域内气象探测环境和设施的保护工作。

设有气象台站的国务院其他有关部门和省、自治区、直辖市人民政府其他有关部门按照职责,做好本部门气象台站的探测环境和设施的保护工作,并接受同级气象主管机构的指导、监督和行业管理。

其他有关部门按照职责,配合气象主管机构做好气象探测环境和设施的保护工作。

第五条 国家依法保护气象探测环境和设施。

任何组织和个人都有保护气象探测环境和设施的义务,有权检举侵占、损毁和擅自移动气象探测设施和破坏气象探测环境的行为。

第六条 各级人民政府及有关部门应当加强对气象探测环境和设施保护的宣传教育，树立全民保护气象探测环境和设施的意识。

对在保护气象探测环境和设施工作中作出贡献的单位和个人，给予奖励。

第七条 本办法保护以下气象探测环境和设施：

（一）国家基准气候站、国家基本气象站、国家一般气象站、自动气象站、太阳辐射观测站、酸雨监测站、生态气象监测站（含农业气象站）的探测环境和设施；

（二）高空气象探测站（包括风廓线仪、声雷达、激光雷达等）的探测环境和设施；

（三）天气雷达站的探测环境和设施；

（四）气象卫星地面接收站（含静止气象卫星地面接收站、极轨气象卫星地面接收站）、卫星测控站、卫星测距站的探测环境和设施；

（五）大气本底台站、沙尘暴监测站、污染气象监测站等环境气象监测站的探测环境和设施；

（六）遥感卫星辐射校正场的探测环境和设施；

（七）闪电探测站的探测环境和设施；

（八）GPS 气象探测站外场环境；

（九）气象专用频道、频率、线路、网络及相应的设施；

（十）其他需要保护的气象探测环境和设施。

第八条 各类气象站四周应当开阔，保持气流通畅。

第九条 国家基准气候站、国家基本气象站、国家一般气象站和太阳辐射观测站周围的建筑物、作物、树木等障碍物和其他对气象探测有影响的各种源体，与气象观测场围栏必须保持一定距离，具体保护标准见附表 1。

自动气象站四周不得有致使气象要素发生异常变化的干扰源。自动气象站具体保护标准根据其布设站类按照附表 1 执行。

生态气象监测站（含农业气象站）、酸雨监测站具体保护标准根据其布设站类参照附表 1 执行。

本办法所称源体，是指省级气象主管机构确定的对气象探测资料的代表性、准确性有影响的大型锅炉、废水、废气、垃圾场等干扰源或者其他源体。

第十条　高空气象探测站四周的障碍物对探测系统天线形成的遮挡仰角不得大于5°，在高空气象探测站盛行风的下风方向120°范围内，不得大于2°。

在探测气球施放场地半径50米范围内，不得有架空电线、建筑物、树木等障碍物。其他建筑物和火源与氢气房的距离不得小于50米。

第十一条　天气雷达站主要探测方向的遮挡仰角不得大于0.5°，孤立遮挡方位角不得大于0.5°；其他方向的遮挡仰角不得大于1°，孤立遮挡方位角不得大于1°，且总的遮挡方位角不得大于5°。

天气雷达站四周不得有对雷达接收产生干扰的干扰源。

第十二条　气象卫星地面接收站（含静止气象卫星地面接收站、极轨气象卫星地面接收站）、卫星测控站、卫星测距站探测环境和设施的保护按照国家关于《地球站电磁环境保护要求》（GB13615－92）执行。

极轨气象卫星地面接收站周围障碍物的仰角不得大于3°。

第十三条　大气本底台站的保护区划分为核心保护区、基本保护区、外围保护区，具体的保护范围和标准按照附表2执行。

第十四条　沙尘暴监测站、污染气象监测站等环境气象监测站探测环境和设施保护标准由国务院气象主管机构另行制定。

第十五条　严禁在遥感卫星辐射校正场场区内从事任何建设和改变场区内自然状态的行为。

本办法所称遥感卫星辐射校正场，是指利用辐射特性稳定、均匀的地物目标作为辐射参考基准，通过星地同步观测，对在轨运行遥感仪器进行绝对辐射定标或星上辐射定标校正的场地。

第十六条　闪电探测站的高频探测天线60°下视角空间之内不得有任何障碍物。以闪电探测站的高频探测天线为中心，半径100米范围以内，不得有导电物体或者高于天线系统的障碍物。半径100米范围以外（含100米），障碍物与天线的仰角不得大于3°，电磁场干扰应当小于闪电接收机的阈值范围。

第十七条　GPS气象探测站视场周围障碍物的仰角不得大于

10°，且远离大功率的无线电发射台和高压输电线。各种无线电发射台与GPS气象探测站接收机天线的距离不得小于2千米，高压输电线与接收机天线的距离不得小于200米。

GPS气象探测站附近不得有大面积的水域或者其他对电磁波反射（吸收）强烈的物体。

第十八条　各类无线电台（站）不得对气象专用频道、频率产生干扰。气象通信线路和设施不得被挤占、挪用、损坏，以保证气象信息及时、准确地传输。

气象无线电频率的保护，按照国家无线电管理法规执行。

第十九条　各级气象主管机构应当将气象探测环境和设施保护的标准报送当地人民政府及其有关部门备案。

第二十条　城乡规划、建设、国土等有关部门，在审批可能影响已建气象台站探测环境和设施的建设项目时，应当事先征得有审批权限的气象主管机构的同意。未经气象主管机构同意，有关部门不得审批。

新建、改建和扩建气象台站和设施，应当符合气象探测环境和设施的保护标准。

第二十一条　未经依法批准，任何组织或者个人不得迁移气象台站和设施。确因实施城市规划或者国家重点工程建设，需要迁移国家基准气候站、国家基本气象站、高空气象探测站、天气雷达站、大气本底台站等国家布点的气象台站的，应当报经国务院气象主管机构批准；需要迁移其他气象台站的，应当报经省、自治区、直辖市气象主管机构批准。拆迁和新建气象台站和设施的全部费用由同级政府或者建设单位承担，并保证新建气象台站和设施的质量符合国家标准。

迁移的气象台站应当按照国务院气象主管机构的规定进行对比观测。

第二十二条　无人值守的自动气象站，应当由该站的所有单位委托所在地人民政府或者社会团体、企事业单位和个人负责保护。当事人应当签订《委托保管书》，明确各自的权利和义务。

第二十三条　禁止下列危害气象探测环境和设施的行为：

（一）侵占、损毁和擅自移动气象台站建筑、设备和传输设施；

（二）在气象探测环境保护范围内设置障碍物；

（三）在气象探测环境保护范围内进行爆破、采砂（石）、取土、焚烧、放牧等行为；

（四）在气象探测环境保护范围内种植影响气象探测环境和设施的作物、树木；

（五）设置影响气象探测设施工作效能的高频电磁辐射装置；

（六）进入气象台站实施影响气象探测工作的活动；

（七）其他危害气象探测环境和设施的行为。

第二十四条　违反本办法规定，有下列行为之一的，由有关气象主管机构按照权限责令停止违法行为，限期恢复原状或者采取其他补救措施，可以并处 5 万元以下罚款；造成损失的，依法承担赔偿责任；构成犯罪的，依法追究刑事责任。

（一）侵占、损毁和擅自移动气象台站建筑、设备和传输设施的；

（二）在气象探测环境保护范围内设置障碍物的；

（三）设置影响气象探测设施工作效能的高频电磁辐射装置的；

（四）其他危害气象探测环境和设施的行为。

第二十五条　违反本办法规定，有下列行为之一的，由有关气象主管机构按照权限责令停止违法行为，限期恢复原状或者采取其他补救措施，可以并处 3 万元以下罚款；造成损失的，依法承担赔偿责任；构成犯罪的，依法追究刑事责任。

（一）在气象探测环境保护范围内进行爆破、采砂（石）、取土、焚烧、放牧等行为的；

（二）在气象探测环境保护范围内种植影响气象探测环境和设施的作物、树木的；

（三）进入气象台站实施影响气象探测工作的活动的。

第二十六条　国务院其他有关部门和省、自治区、直辖市人民政府其他有关部门所属的气象台站的探测环境和设施的保护标准，参照本办法执行。

第二十七条　本办法所称大于、小于、高于，包括本数。

第二十八条　本办法自 2004 年 10 月 1 日起施行。

附录 5

中华人民共和国气象法

（1999 年 10 月 31 日第九届全国人民代表大会常务委员会
第十二次会议通过 1999 年 10 月 31 日中华人民共和国
主席令第 23 号公布 自 2000 年 1 月 1 日起施行）

目　录

第一章　总　则

第一条　为了发展气象事业，规范气象工作，准确、及时地发布气象预报，防御气象灾害，合理开发利用和保护气候资源，为经济建设、国防建设、社会发展和人民生活提供气象服务，制定本法。

第二条　在中华人民共和国领域和中华人民共和国管辖的其他海域从事气象探测、预报、服务和气象灾害防御、气候资源利用、气象科学技术研究等活动，应当遵守本法。

第三条　气象事业是经济建设、国防建设、社会发展和人民生活的基础性公益事业，气象工作应当把公益性气象服务放在首位。

县级以上人民政府应当加强对气象工作的领导和协调，将气象事业纳入中央和地方同级国民经济和社会发展计划及财政预算，以保障其充分发挥为社会公众、政府决策和经济发展服务的功能。

县级以上地方人民政府根据当地社会经济发展的需要所建设的地方气象事业项目，其投资主要由本级财政承担。

气象台站在确保公益性气象无偿服务的前提下，可以依法开展气象有偿服务。

第四条　县、市气象主管机构所属的气象台站应当主要为农业生产服务，及时主动提供保障当地农业生产所需的公益性气象信息服务。

第五条　国务院气象主管机构负责全国的气象工作。地方各级气象主管机构在上级气象主管机构和本级人民政府的领导下，负责本行政区域内的气象工作。

国务院其他有关部门和省、自治区、直辖市人民政府其他有关部门所属的气象台站，应当接受同级气象主管机构对其气象工作的指导、监督和行业管理。

第六条　从事气象业务活动，应当遵守国家制定的气象技术标准、规范和规程。

第七条　国家鼓励和支持气象科学技术研究、气象科学知识普及，培养气象人才，推广先进的气象科学技术，保护气象科技成果，加强国际气象合作与交流，发展气象信息产业，提高气象工作水平。

各级人民政府应当关心和支持少数民族地区、边远贫困地区、艰苦地区和海岛的气象台站的建设和运行。

对在气象工作中做出突出贡献的单位和个人，给予奖励。

第八条 外国的组织和个人在中华人民共和国领域和中华人民共和国管辖的其他海域从事气象活动，必须经国务院气象主管机构会同有关部门批准。

第二章 气象设施的建设与管理

第九条 国务院气象主管机构应当组织有关部门编制气象探测设施、气象信息专用传输设施、大型气象专用技术装备等重要气象设施的建设规划，报国务院批准后实施。气象设施建设规划的调整、修改，必须报国务院批准。

编制气象设施建设规划，应当遵循合理布局、有效利用、兼顾当前与长远需要的原则，避免重复建设。

第十条 重要气象设施建设项目，在项目建议书和可行性研究报告报批前，应当按照项目相应的审批权限，经国务院气象主管机构或者省、自治区、直辖市气象主管机构审查同意。

第十一条 国家依法保护气象设施，任何组织或者个人不得侵占、损毁或者擅自移动气象设施。

气象设施因不可抗力遭受破坏时，当地人民政府应当采取紧急措施，组织力量修复，确保气象设施正常运行。

第十二条 未经依法批准，任何组织或者个人不得迁移气象台站；确因实施城市规划或者国家重点工程建设，需要迁移国家基准气候站、基本气象站的，应当报经国务院气象主管机构批准；需要迁移其他气象台站的，应当报经省、自治区、直辖市气象主管机构批准。迁建费用由建设单位承担。

第十三条 气象专用技术装备应当符合国务院气象主管机构规定的技术要求，并经国务院气象主管机构审查合格；未经审查或者审查不合格的，不得在气象业务中使用。

第十四条　气象计量器具应当依照《中华人民共和国计量法》的有关规定，经气象计量检定机构检定。未经检定、检定不合格或者超过检定有效期的气象计量器具，不得使用。

国务院气象主管机构和省、自治区、直辖市气象主管机构可以根据需要建立气象计量标准器具，其各项最高计量标准器具依照《中华人民共和国计量法》的规定，经考核合格后，方可使用。

第三章　气象探测

第十五条　各级气象主管机构所属的气象台站，应当按照国务院气象主管机构的规定，进行气象探测并向有关气象主管机构汇交气象探测资料。未经上级气象主管机构批准，不得中止气象探测。

国务院气象主管机构及有关地方气象主管机构应当按照国家规定适时发布基本气象探测资料。

第十六条　国务院其他有关部门和省、自治区、直辖市人民政府其他有关部门所属的气象台站及其他从事气象探测的组织和个人，应当按照国家有关规定向国务院气象主管机构或者省、自治区、直辖市气象主管机构汇交所获得的气象探测资料。

各级气象主管机构应当按照气象资料共享、共用的原则，根据国家有关规定，与其他从事气象工作的机构交换有关气象信息资料。

第十七条　在中华人民共和国内水、领海和中华人民共和国管辖的其他海域的海上钻井平台和具有中华人民共和国国籍的在国际航线上飞行的航空器、远洋航行的船舶，应当按照国家有关规定进行气象探测并报告气象探测信息。

第十八条　基本气象探测资料以外的气象探测资料需要保密的，其密级的确定、变更和解密以及使用，依照《中华人民共和国保守国家秘密法》的规定执行。

第十九条　国家依法保护气象探测环境，任何组织和个人都有保护气象探测环境的义务。

第二十条 禁止下列危害气象探测环境的行为：

（一）在气象探测环境保护范围内设置障碍物、进行爆破和采石；

（二）在气象探测环境保护范围内设置影响气象探测设施工作效能的高频电磁辐射装置；

（三）在气象探测环境保护范围内从事其他影响气象探测的行为。

气象探测环境保护范围的划定标准由国务院气象主管机构规定。各级人民政府应当按照法定标准划定气象探测环境的保护范围，并纳入城市规划或者村庄和集镇规划。

第二十一条 新建、扩建、改建建设工程，应当避免危害气象探测环境；确实无法避免的，属于国家基准气候站、基本气象站的探测环境，建设单位应当事先征得国务院气象主管机构的同意，属于其他气象台站的探测环境，应当事先征得省、自治区、直辖市气象主管机构的同意，并采取相应的措施后，方可建设。

第四章 气象预报与灾害性天气警报

第二十二条 国家对公众气象预报和灾害性天气警报实行统一发布制度。

各级气象主管机构所属的气象台站应当按照职责向社会发布公众气象预报和灾害性天气警报，并根据天气变化情况及时补充或者订正。其他任何组织或者个人不得向社会发布公众气象预报和灾害性天气警报。

国务院其他有关部门和省、自治区、直辖市人民政府其他有关部门所属的气象台站，可以发布供本系统使用的专项气象预报。

各级气象主管机构及其所属的气象台站应当提高公众气象预报和灾害性天气警报的准确性、及时性和服务水平。

第二十三条 各级气象主管机构所属的气象台站应当根据需要，发布农业气象预报、城市环境气象预报、火险气象等级预报等专业气象预报，并配合军事气象部门进行国防建设所需的气象服务工作。

第二十四条 各级广播、电视台站和省级人民政府指定的报纸，应当安排专门的时间或者版面，每天播发或者刊登公众气象预报或者灾害性天气警报。

各级气象主管机构所属的气象台站应当保证其制作的气象预报节目的质量。

广播、电视播出单位改变气象预报节目播发时间安排的，应当事先征得有关气象台站的同意；对国计民生可能产生重大影响的灾害性天气警报和补充、订正的气象预报，应当及时增播或者插播。

第二十五条　广播、电视、报纸、电信等媒体向社会传播气象预报和灾害性天气警报，必须使用气象主管机构所属的气象台站提供的适时气象信息，并标明发布时间和气象台站的名称。通过传播气象信息获得的收益，应当提取一部分支持气象事业的发展。

第二十六条　信息产业部门应当与气象主管机构密切配合，确保气象通信畅通，准确、及时地传递气象情报、气象预报和灾害性天气警报。

气象无线电专用频道和信道受国家保护，任何组织或者个人不得挤占和干扰。

第五章　气象灾害防御

第二十七条　县级以上人民政府应当加强气象灾害监测、预警系统建设，组织有关部门编制气象灾害防御规划，并采取有效措施，提高防御气象灾害的能力。有关组织和个人应当服从人民政府的指挥和安排，做好气象灾害防御工作。

第二十八条　各级气象主管机构应当组织对重大灾害性天气的跨地区、跨部门的联合监测、预报工作，及时提出气象灾害防御措施，并对重大气象灾害作出评估，为本级人民政府组织防御气象灾害提供决策依据。

各级气象主管机构所属的气象台站应当加强对可能影响当地的灾害性天气的监测和预报，并及时报告有关气象主管机构。其他有关部门所属的气象台站和与灾害性天气监测、预报有关的单位应当及时向气象主管机构提供监测、预报气象灾害所需要的气象探测信息和有关的水情、风暴潮等监测信息。

第二十九条　县级以上地方人民政府应当根据防御气象灾害的需要，制定气象灾害防御方案，并根据气象主管机构提供的气象信息，组织实施气象灾害防御方案，避免或者减轻气象灾害。

第三十条　县级以上人民政府应当加强对人工影响天气工作的领导，并根据实际情况，有组织、有计划地开展人工影响天气工作。

国务院气象主管机构应当加强对全国人工影响天气工作的管理和指导。地方各级气象主管机构应当制定人工影响天气作业方案，并在本级人民政府的领导和协调下，管理、指导和组织实施人工影响天气作业。有关部门应当按照职责分工，配合气象主管机构做好人工影响天气的有关工作。

实施人工影响天气作业的组织必须具备省、自治区、直辖市气象主管机构规定的资格条件，并使用符合国务院气象主管机构要求的技术标准的作业设备，遵守作业规范。

第三十一条　各级气象主管机构应当加强对雷电灾害防御工作的组织管理，并会同有关部门指导对可能遭受雷击的建筑物、构筑物和其他设施安装的雷电灾害防护装置的检测工作。

安装的雷电灾害防护装置应当符合国务院气象主管机构规定的使用要求。

第六章　气候资源开发利用和保护

第三十二条　国务院气象主管机构负责全国气候资源的综合调查、区划工作，组织进行气候监测、分析、评价，并对可能引起气候恶化的大气成分进行监测，定期发布全国气候状况公报。

第三十三条　县级以上地方人民政府应当根据本地区气候资源的特点，对气候资源开发利用的方向和保护的重点作出规划。

地方各级气象主管机构应当根据本级人民政府的规划，向本级人民政府和同级有关部门提出利用、保护气候资源和推广应用气候资源区划等成果的建议。

第三十四条　各级气象主管机构应当组织对城市规划、国家重点建设工程、重大区域性经济开发项目和大型太阳能、风能等气候资源开发利用项目进行气候可行性论证。

具有大气环境影响评价资格的单位进行工程建设项目大气环境影响评价时，应当使用气象主管机构提供或者经其审查的气象资料。

第七章　法律责任

第三十五条　违反本法规定，有下列行为之一的，由有关气象主管机构按照权限责令停止违法行为，限期恢复原状或者采取其他补救措施，可以并处五万元以下的罚款；造成损失的，依法承担赔偿责任；构成犯罪的，依法追究刑事责任：

（一）侵占、损毁或者未经批准擅自移动气象设施的；

（二）在气象探测环境保护范围内从事危害气象探测环境活动的。

在气象探测环境保护范围内，违法批准占用土地的，或者非法占用土地新建建筑物或者其他设施的，依照《中华人民共和国城市规划法》或者《中华人民共和国土地管理法》的有关规定处罚。

第三十六条　违反本法规定，使用不符合技术要求的气象专用技术装备，造成危害的，由有关气象主管机构按照权限责令改正，给予警告，可以并处五万元以下的罚款。

第三十七条　违反本法规定，安装不符合使用要求的雷电灾害防护装置的，由有关气象主管机构责令改正，给予警告。使用不符合使用要求的雷电灾害防护装置给他人造成损失的，依法承担赔偿责任。

第三十八条　违反本法规定，有下列行为之一的，由有关气象主管机构按照权限责令改正，给予警告，可以并处五万元以下的罚款：

（一）非法向社会发布公众气象预报、灾害性天气警报的；

（二）广播、电视、报纸、电信等媒体向社会传播公众气象预报、灾害性天气警报，不使用气象主管机构所属的气象台站提供的适时气象信息的；

（三）从事大气环境影响评价的单位进行工程建设项目大气环境影响评价时，使用的气象资料不是气象主管机构提供或者审查的。

第三十九条 违反本法规定，不具备省、自治区、直辖市气象主管机构规定的资格条件实施人工影响天气作业的，或者实施人工影响天气作业使用不符合国务院气象主管机构要求的技术标准的作业设备的，由有关气象主管机构按照权限责令改正，给予警告，可以并处十万元以下的罚款；给他人造成损失的，依法承担赔偿责任；构成犯罪的，依法追究刑事责任。

第四十条 各级气象主管机构及其所属气象台站的工作人员由于玩忽职守，导致重大漏报、错报公众气象预报、灾害性天气警报，以及丢失或者毁坏原始气象探测资料、伪造气象资料等事故的，依法给予行政处分；致使国家利益和人民生命财产遭受重大损失，构成犯罪的，依法追究刑事责任。

第八章 附 则

第四十一条 本法中下列用语的含义是：

（一）气象设施，是指气象探测设施、气象信息专用传输设施、大型气象专用技术装备等。

（二）气象探测，是指利用科技手段对大气和近地层的大气物理过程、现象及其化学性质等进行的系统观察和测量。

（三）气象探测环境，是指为避开各种干扰保证气象探测设施准确获得气象探测信息所必需的最小距离构成的环境空间。

（四）气象灾害，是指台风、暴雨（雪）、寒潮、大风（沙尘暴）、低温、高温、干旱、雷电、冰雹、霜冻和大雾等所造成的灾害。

（五）人工影响天气，是指为避免或者减轻气象灾害，合理利用气候资源，在适当条件下通过科技手段对局部大气的物理、化学过程进行人工影响，实现增雨雪、防雹、消雨、消雾、防霜等目的的活动。

第四十二条 气象台站和其他开展气象有偿服务的单位，从事气象有偿服务的范围、项目、收费等具体管理办法，由国务院依据本法规定。

第四十三条　中国人民解放军气象工作的管理办法，由中央军事委员会制定。

第四十四条　中华人民共和国缔结或者参加的有关气象活动的国际条约与本法有不同规定的，适用该国际条约的规定；但是，中华人民共和国声明保留的条款除外。

第四十五条　本法自2000年1月1日起施行。1994年8月18日国务院发布的《中华人民共和国气象条例》同时废止。

参考文献

黄建民等.2005.气候变化与自然灾害.北京:气象出版社.

黄智敏.2008.农村气象信息员培训教材.北京:金盾出版社.

陆亚龙等.2001.气象灾害及其防御.北京:气象出版社.

秦大河等.2003.干旱.北京:气象出版社.

秦大河等.2003.洪涝.北京:气象出版社.

秦大河等.2003.沙尘暴.北京:气象出版社.

秦大河等.2003.中国自然灾害与全球变化.北京:气象出版社.

上海植生所人工气候室.1976.高温对早稻开花结实的影响及其防治.植物学报,**18**(4):323-329.

石春林,金之庆.2007.水稻高温败育模拟模型.中国水稻科学,**21**(2):220-222.

孙忠富.2001.霜冻灾害与防御技术.北京:中国农业科技出版社.

谭中和等.1985.杂交籼稻开花期高温危害及对策的研究.作物学报,**11**(2):103-108.

陶炳炎,汤志成,彭钊安等.1983.杂交水稻与气象.南京:江苏科学技术出版社.

王道藩等.1986.柑橘与气象.福州:福建科学技术出版社.

王云岫等.2008.吉林省主要气象灾害及防御指南.北京:气象出版社.

杨太明,陈金华.2007.江淮之间夏季高温热害对水稻生长的影响.安徽农业科学,**35**(27):8530-8531.

郑大玮等.2005.农业减灾实用技术手册.杭州:浙江科技出版社.

中国农业科学院农业气象研究室.1960.果树与气象.北京:农业出版社.

朱菊忠等.2008.浙江省气象协理员培训教材.北京:气象出版社.